重大水利工程
湿地生态保护与修复技术

李红清　闫峰陵　江　波　杨寅群 等　著

科 学 出 版 社
北　京

内 容 简 介

水利工程具有防洪、供水、灌溉、水资源配置等多重功能，在产生巨大经济效益和社会效益的同时，也不可避免地影响湿地水文过程、湿地生境、湿地生物多样性和湿地生态系统服务。为减缓水利工程运行对湿地生态的不利影响，亟须在系统研究水利工程调度运行、水文响应、水环境效应、湿地生境和生物多样性时空格局变化的基础上，优化水利工程调度和湿地生态保护与修复技术。本书分析典型水利工程建设带来的湿地水文情势、水环境、湿地生境、湿地生物生长条件变化等环境影响，探明典型水利工程对湿地生态的时空差异性影响，提出基于湿地水文节律变化的水位调控和湿地生态保护与修复技术，为湿地生态保护与修复提供技术指导和应用示范。

本书可供水利工程环境管理、环境影响评价、湿地生态保护与修复等领域的研究人员和技术人员阅读，亦可供水利工程、生态学等相关专业的高校师生参考。

图书在版编目（CIP）数据

重大水利工程湿地生态保护与修复技术/李红清等著. —北京：科学出版社，2022.5

ISBN 978-7-03-071982-9

Ⅰ.① 重… Ⅱ.① 李… Ⅲ. ①水利工程-沼泽化地-生态环境保护-研究 Ⅳ. ① TV5 ②P941.78

中国版本图书馆 CIP 数据核字（2022）第 048372 号

责任编辑：何 念 张 慧/责任校对：高 嵘

责任印制：彭 超/封面设计：无极书装

科学出版社 出版

北京东黄城根北街 16 号

邮政编码：100717

http://www.sciencep.com

武汉精一佳印刷有限公司印刷

科学出版社发行 各地新华书店经销

*

开本：787×1092 1/16

2022 年 5 月第 一 版 印张：11

2022 年 5 月第一次印刷 字数：243 000

定价：128.00 元

（如有印装质量问题，我社负责调换）

前言

全球湿地面积正在以惊人的速度减少。1970～2015 年，全球内陆湿地和滨海湿地面积均减少约 35%，且 2000 年以后湿地面积减少的速度越来越快。我国在湿地保护方面做了很大的努力，但由于中国人口众多、社会经济快速发展，湿地资源被长时间利用和消耗，加上我国湿地保护工作起步较晚，政策法规不完善，资金缺乏，自然湿地退化等问题依然存在。我国生态文明建设要求树立尊重自然、顺应自然、保护自然的生态文明理念，在资源利用中要切实保护好生态环境。

针对变化环境下湿地生境和湿地生物多样性时空格局变化的问题，开展水利枢纽工程、引调水工程及蓄滞洪区工程等典型水利工程建设对湿地生态时空格局的直接与间接影响分析，以及典型水利工程对湿地生态影响的时空差异性分析及基于湿地生境和生物多样性等多目标的生态保护和修复关键技术研究，能系统地揭示水利工程调度运行、水文响应、水环境效应、湿地生境和生物多样性时空格局变化的相互作用机制。湿地生态保护和修复关键技术能够有效减缓水利工程运行对湿地生态系统功能和服务的影响，促进经济效益、社会效益和生态效益协同提升，对维护国家生态安全和国土安全、维持生态平衡、调节湿地生态系统结构和功能、促进人与自然和谐共生、实现人类社会的可持续发展具有十分重要的意义。

长江水资源保护科学研究所长期致力于水利工程的环境影响及环境保护对策措施研究，本书聚焦水利工程建成运行后水文及水环境变化规律、湿地生境和生物多样性变化特征等方面的研究成果，概述湿地内涵及湿地生态特征，系统梳理国内外湿地生态保护与修复技术有关进展，研究分析水利枢纽工程、引调水工程及蓄滞洪区工程等典型水利工程建设与运行对水文情势、水环境、湿地生态等环境要素的影响，结合水利工程建设与运行特点，基于维护湿地水文节律提出水利工程调度运行调控技术，并从工程影响区的局地湿地生境重塑、湿地生物重建等方面提出水利工程湿地生态保护与修复技术。

本书由长江水资源保护科学研究所组织撰写，由李红清、闫峰陵、江波、杨寅群等共同完成。写作分工如下：第 1 章由江波、朱秀迪、杨龑完成；第 2 章由闫峰陵、成波、李志军、王俊洲完成；第 3 章由李红清、江波、王晓媛、朱秀迪、田志福完成；第 4 章由李红清、杨寅群、林国俊、田志福、柳雅纯、巴亚东完成；第 5 章由闫峰陵、杨梦斐、江波、杨寅群、成波、毕雪、王俊洲完成；第 6 章由江波、蔡金洲完成。

特别感谢安徽省水利水电勘测设计研究总院有限公司、武汉市伊美净科技发展有限公司、湖南东洞庭湖国家级自然保护区管理局、安徽大学、安庆市林业局、中国林业科学研究院湿地研究所等单位提供的支持与帮助。

由于水利工程湿地生态修复技术研究尚处于不断进步阶段，本书可能在分析方法和分析结果等方面不尽完备，加之作者水平有限，书中不足之处在所难免，敬请广大读者不吝指正。

著 者

2021 年 8 月 31 日

目录

【第 1 章】

绪　　论

1.1 湿地定义与生态特征

1.1.1 湿地定义

湿地是重要的国土资源和自然资源，它不仅为许多动植物提供了独特的生境，也是人类最重要的生存环境之一，与人类的生存、繁衍、发展息息相关。根据1971年在伊朗签订的《关于特别是作为水禽栖息地的国际重要湿地公约》首次发表的《全球湿地展望》，全球内陆和滨海湿地面积超过1210万km^2，虽然仅占地球陆地表面面积的8%左右，却为全球约40%的物种提供栖息和繁殖生境，在保障全球生物多样性和维持人类生存发展等方面发挥着重要作用。地球上的生态系统按基质、成因或区域划分，湿地生态系统都是其中极其重要的组成部分（何池全，2003）。由于湿地分布的广泛性，面积和区域的差异性，淹水条件的易变性，以及湿地边界的不确定性，再加上湿地是多学科研究对象，不同国家、不同地区、不同学科对湿地研究的侧重点不同，国际上没有形成统一的湿地概念（吕宪国和李红玉，2004；何池全，2003）。在世界各国先后出现的100余种湿地的定义中，被普遍接受的是《关于特别是作为水禽栖息地的国际重要湿地公约》中给出的湿地的定义（陈克林，1995）：湿地是指不论其为天然或人工、长久或暂时性的沼泽地、泥炭地或水域地带，带有静止或流动的淡水、半咸水、咸水水体者，包括低潮时水深不超过6米的水域。湿地生态系统则是指在特定的湿地环境中，湿地的各种动态组分（包括湿地动物、植物及微生物群落）之间及这些动态组分与其无机环境之间，通过能量流动和物质循环而相互作用的统一整体。

1.1.2 湿地生态特征

1. 湿地生态系统结构

同其他生态系统一样，湿地生态系统的成分一般可以概括为生产者、消费者、分解者和非生物环境四种。湿地生态系统结构是指构成湿地生态系统的生产者（包括湿生植物、中生植物和水生植物）、消费者（湿地动物）、分解者（微生物）在时间和空间上的分布与配置，以及各组分间能量、物质、信息流的传递途径及传递关系（陆健健 等，2006；吕宪国和李红玉，2004）。湿地生态系统结构主要包括群落结构、营养结构、景观结构三个重要方面（吕宪国和李红玉，2004）。

2. 湿地生态系统过程

湿地生态系统过程是指生态系统物质循环和能量流动的动态过程（Lovett et al.，2005；Chapin et al.，2002）。其中：物质循环过程主要包括水循环、碳循环、氮循环、磷循环和硫循环等过程，主要指生物地球化学及营养物质次生代谢过程；能量流动过程主要包括物理过程和生物过程，具体包括初级生产、次级生产和分解过程。探明湿地的发生、发展机制有利于更好地认识生态系统的功能（吕宪国和李红玉，2004）。

3. 湿地生态系统功能

湿地生态系统功能是湿地生态系统结构、过程相互作用的结果（Chapin et al.，2002；Turner et al.，2000）。它不仅取决于湿地内部的生物组分和非生物组分，也取决于湿地内部影响物质循环和能量流动过程的物理（水过滤，输沙）、化学（氧化、还原）及生物（光合）组分之间的相互作用。它本身可以是发生在湿地内部的各种过程，又可以是湿地内部各种过程的表现形式，可以提供满足和维持人类生存和发展的条件和过程（吕宪国和李红玉，2004），也是生态系统提供产品和服务的能力的体现。

4. 湿地生态系统服务

生态系统服务概念自提出以来，经历了萌芽及快速发展阶段。随着生态系统服务研究的不断深入，生态系统中间服务（intermediate services）和最终服务（final services）的概念区分受到广泛关注，从理论上避免了生态系统服务价值重复计算，为生态系统服务权衡关系和生态系统服务供需耦合机制研究提供了重要的理论基础。湿地生态系统服务是指湿地生态系统对人类福祉效益的直接或间接贡献（Kumar，2011）。这个定义的两个关键要素是：①湿地生态系统服务必须是从湿地生态系统中获得，是一种生态现象；②并非所有的湿地生态系统服务都必须被直接利用（Fisher et al.，2009）。根据千年生态系统评估（millennium ecosystem assessment，MEA）：湿地为人类提供了食物、淡水、纤维、燃料、木材及基因物质等产品服务；气候调节、空气质量改善、洪水调蓄和水质净化等调节服务；休闲娱乐、科研教育、生物多样性保护等文化服务；营养物质循环、水循环、土壤有机质形成、初级生产等支持服务。供给服务和文化服务通常是直接影响人类福祉的最终服务。调节服务既可以是中间服务，又可以是最终服务，取决于生态系统服务的受益者。例如：水质净化服务对于维持人类基本生活的饮用水而言是中间服务；洪水调蓄和风暴防护因直接影响人类的福祉而成为最终服务。而支持服务与其他三种服务的区别在于，它对人类的贡献是通过其他三种服务间接表达的。

1.2 水利工程建设对湿地生态的影响

1.2.1 水利工程建设情况

截至 2019 年底，我国已基本建成较为完善的水利工程体系，规模和数量跃居世界前列。各类水库从新中国成立前的 1200 多座增加到近 10 万座，总库容从 200 多亿 m^3 增加到近 9000 亿 m^3，5 级以上江河堤防达 30 多万 km，是新中国成立之初的 7 倍多（马晓媛，2019）。截至2019年底，全国共有水库98112座，总库容8983亿m^3。其中：大型水库744座，库容7150亿m^3；中型水库3978座，库容1127亿m^3；小型水库93390座，库容706亿m^3。全国共有水电站46000多座，装机容量35804万kW，其中农村水电站（装机容量在5万kW以下的水电站）45445座，装机容量8144.2万kW。全国已建成5级及以上江河堤防（即保护对象防洪标准≥10年）32.0万km，保护人口6.4亿人，保护耕地4190.3万hm^2。全国已建成流量5 m^3/s及以上水闸103575座，其中大型水闸892座。按照水闸类型分，分洪闸8293座，退（排）水闸18449座，挡潮闸5172座，引水闸13830座，节制闸57831座（中华人民共和国水利部，2020）。

1.2.2 对湿地生态的影响

水利工程是国民经济基础设施的重要组成部分，在防洪安全、水资源合理利用、生态环境保护和推动国民经济发展等方面具有不可替代的作用。为了满足社会防洪、发电、灌溉、航运等需求，人类大量建造大型水坝和小水电站（Chen et al.，2016；Nilsson et al.，2005），导致产生和维持湿地生态系统生物多样性的水文情势、水环境、地貌形态、沉积态均发生显著改变（Wu et al.，2013；Čuček et al.，2012；Donohue and Molinos，2009；Poff et al.，2007）。例如，水库的削峰补枯作用弱化了洪水的脉冲作用，减少了河道与湿地间的水量交互，致使河流对湿地的补给水量逐渐减少，湿地面积逐渐下降，湿地生态逐渐退化（郑越馨，2020）。此外，在水库防洪泄水期，水库的调蓄对大坝下游自然状态下的水文过程产生了显著干扰，使下游湿地动植物生境因上游来水量和频率不稳定而遭到毁坏，进而导致湿地生态系统结构改变、生物多样性下降、生态服务价值降低等一系列生态环境问题（Grumbine and Pandit，2013；Vörösmarty et al.，2010）。因此水利工程造成的通道阻隔及水文情势的变化对湿地生态的影响最为深远及广泛。

1. 通道阻隔

通道阻隔主要通过截流、拦沙、阻物三大方式来对湿地生态系统造成深远的影响。

截流即为截断水流，即通过修建水库和堤防，拦截水源使得湿地与周围的水力联系减少甚至中断，湿地变干、萎缩。如在河口区域，水利工程的截流效应会使地表盐分难以向下游排泄而加剧湿地盐碱化（吕金福 等，2000）。拦海大堤的修筑，导致入海淡水减少，淹没深度及淹没时间过长，致使适宜翅碱蓬生长的湿地范围逐渐缩小（李波，2006），从而导致辽河河口红海滩退化。此外，在气候干旱的年份，辽河口拦河大闸关闸断水，由于河口没有足够淡水补充，河口海水盐度升高，致使翅碱蓬生长区吸附和渗透了大量潮汐海水。土壤水分蒸发使地表积盐，造成湿地盐渍化，超出了翅碱蓬生长的耐盐极限，从而引起翅碱蓬群落退化死亡（李忠波，2002）。

水利工程通道阻隔导致上游来沙减少，即产生拦沙效应，致使河道泥沙淤积速度放缓，从而造成工程下游湿地组成和湿地植被演替过程发生改变，进而影响通江湖泊湿地演替的趋势和方向。例如三峡工程蓄水后，2003～2012年入库沙量与1990年前均值相比减少 58%，坝下宜昌站年均输沙量较三峡工程蓄水前平均值减少 90%；三峡工程建设前，其他流域众多大坝的修建和水土保持等工程引起的入海泥沙通量下降已经将长江口水下三角洲推到淤—蚀转变的临界状态，而三峡工程在一定程度上加速了这种淤—蚀转变（中国水电工程顾问集团有限公司，2014）。因此长江上游来沙减少可能导致河口湿地淤涨减缓甚至侵蚀，河口湿地功能减弱或丧失。同样，在三峡工程建设后，洞庭湖淤积速度减缓，湖区植物群落逐渐由快速演替转化为慢速演替，即群落演替的主要模式由淤积较快的“水生植物—鸡婆柳—芦苇—木本植物”演替模式转化为淤积较慢的“水生植物—藨草或薹草—芦苇—木本植物”演替模式（黄维和王为东，2016）。

通道阻隔的阻物效应为大坝、水库、堤防等水工建筑物通过阻断不同能级水生生物的迁徙、洄游、产卵路径及物理化学营养物质的输送通道，致使水生栖息地破碎化，进而产生鱼类种群种类与数量下降、等位基因持续丢失、遗传结构变化等负面影响（Kitanishi et al.，2012）。基于此，间接对与其相关生态系统服务的提供产生不利影响，引发河流水生生态系统退化（Lin and Qi，2017；Dugan et al.，2010）。

2. 水文情势变化

水是湿地生态系统中最重要的物质迁移媒介，是决定及维持典型湿地类型、湿地生物组成和湿地过程的重要因素（崔丽娟 等，2011a）。湿地水文是控制湿地发展、类型分异和维持湿地存在的最基本因子（张明祥，2008），是湿地最重要的生态过程（王兴菊 等，2006）。湿地水文过程能够影响湿地的物质和能量交换，控制湿地的形成、发育与演化，改变湿地的生物、物理和化学特征（崔丽娟 等，2011a；王兴菊 等，2006）、湿地生物的区系类型、湿地生系统的结构和功能。湿地的水文功能是指与湿地的水文过程相关的支撑和保护自然生态系统结构、过程、功能和服务的能力，主要包括提供水源、补充地下水、调蓄洪水、净化水质、调节气候、保护河湖岸带等功能，其独特的水文功能对维持流域生态系统的健康和改善区域生态环境具有十分重要的意义（张明祥，2008）。

湿地水文情势是指湿地内降水、蒸散发、径流、出流量及其地表和地下水位等随时间的变化情况（冯夏清和章光新，2010）。湿地水文情势在湿地生态系统的演替过程中处于支配地位，水文情势主导着冲刷、沉积、淹没等物理过程，并影响着营养盐、pH、固体悬浮物等水质要素的变化，在很大程度上决定着湿地生境的时空分布，塑造生物群落及其生态过程（Naiman et al.，2002）。目前，伴随着全球气候变化和人类活动的双重影响，湿地水文循环过程越来越复杂（章光新 等，2008），湿地水文情势变化对生态系统功能的复合影响越来越严重，湿地生态系统结构和功能随之表现出脆弱化和退化的特点（董李勤和章光新，2011）。高水位的淹没过程可阻止植被扩张，避免湿地生态系统过快地向陆地生态系统演化。但水位过高则会水漫堤岸，威胁生态安全；反之，水位过低则会出现湖泊干涸化，水生植被演替为旱生植被，甚至造成土地裸露进而发生湿地退化。同时，水利工程的建设及运行等人类活动直接或间接影响水文过程，造成湿地水文要素的变化。水文情势改变会伴随着沉积物和泥沙含量的变化，直接导致湿地土层和形态甚至结构的改变，从而引起水土流失、湿地生态环境恶化等生态环境问题，进而对原有生物生存和繁衍产生威胁。

水利工程驱动的水文情势变化是导致湿地生态系统变化的主要驱动因素之一，水文情势（如水位、径流量、水文节律等）的改变，会直接导致湿地面积及其波动周期发生改变，进而影响湿地生态系统演变规律、过程以及动植物适宜生境。水位波动一方面影响着库区及坝下滨水湿地的生态过程，另一方面也影响着下游湖泊及洪泛湿地等多类型湿地的生态质量、格局与变化（方佳佳 等，2018）。对于沿河滨水湿地而言，其主要的补给水源之一是洪水脉冲及河水的侧向补给。而大坝建成后，下游河道水位变化，河流与湿地、支流和湖泊之间的水力联系发生变化，河流的天然节律被打乱（邴建平，2018）。此外，在上游来水不足、人口扩张、经济发展的多重压力下，大量的湿地被开发围垦，致使湿地面积大幅度缩小，湿地生物多样性降低，多种湿地生态系统服务受到严重威胁（李鬈华，2008）。如受水库周期性蓄放水影响，库区水位常呈现周期性变化，岸带形成了具有独特结构、功能和景观特征的特殊类型湿地——水库消落带。水库消落带在水库运行造成的水位周期性淹没的情景下，主要存在水库岸坡稳定性下降、水库消落带植物群落演替速率及方向变化等潜在风险。一方面，水位在短时间内的大幅涨落变化会对水库消落带产生较为强烈的土壤侵蚀和淤积影响，降低湿地植物物种丰度，致使土壤损失大量的营养物质，进而导致湿地植被的生长发育受到负面影响；另一方面，在较大的水位波动幅度影响下，水库消落带的植物群落会发生逆向演替，原生陆生植物因无法耐受水淹胁迫而死亡，从而导致原有陆生、湿生植被大规模退化，而耐淹、耐旱一年生或多年生草本植物成为水库消落带的主要植物，致使水库消落带区生物多样性及固碳能力受到威胁。

引调水工程引起的输水线路沿程湖泊湿地水位上涨会导致湿地植物淹没，水鸟适应生境面积降低。引调水工程运行后，沿程湖泊平均水位较天然情况上升，对湖滨带湿地造成淹没影响。挺水植物群落和浮叶植物群落生长对水深有一定要求。当水位上升、水域面积扩大时，部分挺水植物群落、浮叶植物群落分布区域将不再适宜原有群落生存，被其他浮叶与漂浮植物群落或沉水植物群落所替代。同时，在新生的浅水区域将会有适宜的挺水植物、浮叶植物和湿生植物群落发育。对于沉水植物而言，部分沉水植物群落分布区域的水域深度增加，将不再适宜其生长，被适宜深水生境的沉水植物群落代替（罗乐 等，2021）。湿地生境和植被群落的改变，会引起水鸟的群落结构、种类及数量发生相应变化（刘大钊和周立志，2021；姚斯洋 等，2021）。

综上所述：一方面水利工程基于阻隔效应对水流、泥沙、生物及营养物质进行拦截，导致河流与湿地连通性降低，湿地生态系统输入输出途径受阻；另一方面在水利工程导致的水文情势变化影响下，库区及坝下滨河（海）湿地、湖泊湿地及洪泛湿地的面积、适生动植物结构、种类及数量发生了相应的改变。

1.3 湿地生态保护与修复

1.3.1 概念及内涵

湿地在涵养水源、净化水质、蓄洪抗旱、调节气候和维护生物多样性等方面发挥着重要作用，是重要的自然生态系统，也是自然生态空间的重要组成部分。湿地保护与修复是生态文明建设的重要内容，事关国家生态安全，事关经济社会可持续发展，事关中华民族子孙后代的生存福祉。

湿地生态保护是指通过约束人类活动让生态系统进行自然更新演替。湿地生态修复指在湿地生态系统退化原因及退化机理诊断的基础上，运用生物、生态工程技术和管理手段，对影响湿地生态系统的关键因素进行调控，修复部分受损的生态系统结构及其功能（刘青，2012），使湿地生态系统结构、功能和生态潜力尽可能地恢复到原有或更高水平（赵同谦 等，2016；张建春和彭补拙，2003）。湿地生态修复是在一定区域范围内，为提升生态系统自我恢复能力，增强生态系统稳定性，促进自然生态系统质量的整体改善和生态产品供应能力的全面增强，遵循自然生态系统演替规律和内在机理，对受损、退化、服务功能下降的湿地生态系统进行整体保护、系统修复、综合治理的过程和活动。湿地生态保护是以群落自然演替理论为基础的自然恢复，而湿地生态修复是人类主导作用下的以生态修复理论为基础的人工修复。

1.3.2 基本原则

湿地生态修复应遵循自然功能原则、可行性原则、优先性原则、综合效益最优原则（赵同谦 等，2016；刘青，2012；陈利顶 等，2010）。自然功能原则是前提，生态修复应根据区域自然环境特征、地带性规律、生态过程、生态演替及生态位原理等进行方案设计（赵同谦 等，2016；陈利顶 等，2010）。可行性原则主要包括环境可行性与技术可操作性。应针对不同退化湿地类型和致使湿地退化的不同因素，有针对性地制定修复目标和修复策略，修复其生态功能。优先性原则包括代表性湿地选择的优先性和主要修复目标确定的优先性（刘青，2012）。应在全面了解湿地信息的基础上，选择生物多样性较好、具有保护价值的湿地（张彦增，2010）。应在分析已退化湿地的基础上，确定1～2个生态修复目标（刘青，2012）。综合效益最优原则为根本目标，应从整体出发将近期利益与长远利益相结合，在考虑当前技术经济条件的同时提出最佳生态修复方案，实现社会、经济、生态效益最优化（赵同谦 等，2016；陈利顶 等，2010）。

1.3.3 关键步骤

湿地生态修复是通过人类活动把退化的湿地生态系统修复为健康的功能性生态系

统，其修复目标一般包括四个方面：物种和群落的修复、结构与功能的修复、生境的修复及景观的修复。湿地生态修复关键步骤如下：①基础研究与生态修复目标确定。对拟修复区域开展基础研究，包括生态系统特征分析、生态问题识别、生态现状调查与评价、参考状态及修复目标确定。②湿地修复边界确定及生态修复模式选择。确定生态修复的具体边界及湿地生态修复模式，有针对性地建立起不同功能区的生境恢复方案及其工程技术方法。③生态修复工程实施和动态监测评价。在生态修复的具体区域实施生态修复工程，并开展生态系统结构与功能评价，重点评价生态修复目标是否实现。④生境修复模式的总结、示范和推广等（刘青，2012）。

1.3.4 方法与途径

湿地生态修复的方法与途径主要包括干扰因子修复、水文调控及植被修复。在进行湿地生态修复时，首先应明确干扰行为排除后湿地生态系统是否能够自然恢复。若自然恢复无法达到预期目标，则必须采取针对性的措施和人为干扰的修复方法来加快湿地的正向生态修复。水是维持湿地生态系统结构和功能稳定的关键要素，水文调控技术是湿地生态修复的有效途径，特别是在干旱半干旱地区，对湿地生态系统结构、过程和功能的修复十分关键（赵同谦 等，2016）。植被修复是退化湿地生态修复的主要手段，主要包括物种选育和培植技术、物种筛选与引入技术、群落结构构建与优化配置技术、群落演替控制与重建技术（张建春和彭补拙，2003）。

1.3.5 关键技术

1. 湿地生态保护技术

未受损或受损较小湿地生态保护技术主要包括湿地自然保护区和湿地公园的建立、封闭式保护、湿地保护宣传教育、湿地法律体系的完善和建立及规范化的管理。

湿地自然保护区和湿地公园建立可以对湿地进行合理规划和有效保护。对一些受破坏小的地方进行全封闭式保护，可以充分发挥自然恢复和自我调节能力，进而保障湿地生态系统的物种多样化。湿地保护宣传教育可以提高社会对湿地资源保护的意识，让全社会参与和积极投身到湿地资源的保护中。法律法规可以有效地规范人类活动，阻止破坏湿地生态平衡行为的发生，让我国的湿地环境得到有效的保护。对我国当前已经受到严重破坏的湿地生态系统进行统一、规范化的管理，能真正地对湿地生态系统起到保护作用。

2. 湿地生态修复技术

1）生境修复技术

湿地生境是指湿地生物赖以栖居的生态环境，包括地形、水分、土壤等生境因子。

生境修复工程技术是一种对受损的生境进行修复，使恶化状态得到改善的工程技术，其主要效果是生物群落多样性和服务功能的显著提升。根据生境因子的区别，湿地生境修复技术主要包括湿地的基底修复技术、湿地水文和水环境状况修复技术、湿地土壤修复技术（刘青，2012）。

（1）湿地基底修复技术。湿地基底修复是通过工程措施对湿地的地形与地貌进行改造，维护基底和各类型湿地面积的稳定性，修复技术主要包括湿地基底生境再造技术、清淤技术、湿地及上游水土流失控制技术。

（2）湿地水文和水环境状况修复技术。湿地水文和水环境状况修复包括湿地水文条件恢复和湿地水环境质量改善，分为湿地水文恢复技术和湿地水污染控制技术（张永泽和王烜，2001）。

湿地水文过程是维持生态系统功能的关键要素，是生态修复工程的关键。湿地水文过程恢复主要是通过筑坝、修建引水渠等水利工程措施来实现，具体包括湿地水文连通技术、湿地蓄水防渗技术和湿地生态补水技术等。湿地水文连通技术主要是通过地形改造等工程措施，优化区域水资源配置格局，合理调节和控制水位，重新建立起水体之间的水平和垂直联系（崔丽娟 等，2011a）。研发湿地最佳水文连通技术是未来研究的重点（张仲胜 等，2019）。湿地蓄水防渗技术主要包括蓄水技术和防渗技术。湿地生态补水技术是在充分考虑湿地枯水年、平水年和丰水年的水文过程变化和湿地生物节律变化规律的基础上，根据完整水文年内季节或汛期的差异向湿地进行合理的人工补水，保障湿地水量不少于维护基本生态功能正常发挥的最小湿地生态需水量（崔丽娟 等，2011a）。

水文连通可按其连通性方向分为纵向水文连通、横向水文连通及垂向水文连通（Meng et al.，2020；Williams et al.，2015），其修复目的及具体修复措施详见表 1.1。上下游的水文连通称为纵向水文连通性（Deng et al.，2018；Rains et al.，2016）；河流—泛滥平原、河流—湖泊称为横向水文连通（van der Most and Hudson，2018）；湿地地表水和地下水的垂直水文交换称为垂向水文连通性（Gao et al.，2017）。纵向连通性恢复主要可以通过拆坝、筑生态坝及建立生态渠道等技术来实现。最早的大坝拆除评估方法由 1997 年美国土木工程师学会（The American Society of Civil Engineers，ASCE）提出（胡苏萍 等，2017）。Brown 等（2009）提出综合大坝评估建模技术，旨在从生物物理、社会经济和地缘政治三个角度进行大坝建设及拆除的分析及收益评估。Corsair 等（2009）提出基于多标准决策分析方法的水坝退出策略。该策略框架较为系统完善，非常具有参考价值。目前，我国已发布《水库降等与报废评估导则》（SL/T 791—2019），形成一套较为完整的水库降等与报废流程。在河口三角洲湿地，部分研究应用潮汐调节技术，通过破坏或改变现有大坝等人工措施来改善潮汐对湿地的水源补给（Rupp-Armstrong and Nichols，2007；Wolters et al.，2005）。生态水坝是利用生态袋（将草籽和锯末混合在沙袋中）或当地土壤和植被建造的透水性较好的坝，既有保水功效，又有泄水功效（戚登臣和李广宇，2007）。生态渠道是具有源汇功能的人工渠道，可为鱼类提供洄游通道，连接破碎湿地，引水至缺水湿地，可从根本上缓解缺水型湿地退化（段亮 等，2014；Obolewski et al.，2011）。横向连通性可以通过人工洪水及拆除或减少不透水性河岸来进行恢复。与疏浚或重新连接相比，通过人工洪水进行恢复避免了工程建设对环境的干扰，可将河流及缺水的洪泛区连接起来。而提高河岸透水性同样能够通过增加侧向水文补给从而增强横向水文连通性。传统护岸材料主要是石头和混凝土，它们通过隔离水土之间的物质交换而对生态产生破坏（Pan et al.，2016；Hufford and Mazer，2003），进而对岸坡型湿地的水文连通性形成负面影响。因而在河岸带横向连通性恢复时，应尽量使用高透水性的非生物亲水材料，如天然材料（木桩、竹笼、鹅卵石）、生态塑料袋、植被混凝土、三维植被网、石笼网、细石混凝土等。这些材料不仅可以满足过滤和防冲刷的要求，而且还可以为植物生长及鱼类和无脊椎动物发育提供栖息条件（Hughes et al.，2005；Lewis，2005；许文年 等，2004；Hession et al.，2000；Hengchaovanich，1998）。垂向连通性可以通过拆除水体不透水下垫面或提升水体下垫面透水率等方式来恢复。如使用卵石、砾石和木屑建造河底，增加垂向连通通道，并为鱼类和无脊椎动物提供更多栖息地（Hancock and Boulton，2005；Brooks et al.，2004）。

表 1.1 水文连通性修复主要技术

修复目的	具体措施	参考文献
纵向连通性恢复	拆除水坝等障碍物	Zhang 等（2014）；Roberts 等（2007）
	筑生态坝	戚登臣和李广宇（2007）
	建立生态渠道	Mao 和 Cui（2012）；Young（1996）
横向连通性恢复	人工洪水	Pander 等（2015）；Obolewski 等（2016）
	拆除或减少不透水性河岸	Mueller 等（2011）；Hohensinner 等（2004）
	使用高透水性的非生物亲水材料	Hughes 等（2005）；Lewis（2005）；许文年等（2004）；Hession 等（2000）；Hengchaovanich（1998）
垂向连通性恢复	减少或停止抽取地下水	Castella 等（2015）；Lamouroux 等（2015）
	拆除水体不透水下垫面或提升水体下垫面透水率	Li 和 Ren（2019）；Zhang 等（2014）；Hancock 和 Boulton，（2005）；Brooks 等（2004）

湿地生态水文调控技术主要包括湿地生态水文调控策略制定及湿地水文调控效果评价。其中，生态水文调控策略制定包括湿地生态需水量确定、调度路径制定、调度时段划定三个部分（张珮纶 等，2017）。湿地生态需水量是特定调度目标下湿地所需的生态调度水量，是制定湿地生态调度策略的基础。因此，在确定湿地生态需水量之前，首先应明确调度目标，如维系湿地生态环境现状、恢复历史参考时期的湿地生态景观、保障湿地基本形态或某些指示性目标、保护湿地生物多样性等（崔丽娟 等，2006）。目前国内湿地生态需水量研究多基于生态需水等级划分开展（崔保山和杨志峰，2002），根据上述需水目标将湿地生态需水等级作为生态调度计算的边界条件，并参照调度指标，即湿地内表征调度目标的水文或生态指标，如目标水量、目标水位、目标水面、目标生物栖息数量和密度等来量化调度目标，并确定生态调度水量（崔保山和杨志峰，2003）。调度

路径的制定通常基于湿地所处的地理、气候、水文特点来进行确定。如在典型洪泛湿地和平原河流泛滥衍生的尾闾湿地区通常采取洪泛效果还原的方式，通过天然及人工制造洪水来进行水源补给。河口湿地、河流尾闾湿地和吞吐型湖泊湿地与补给水源具有较好的连通性，适宜采用全流域水资源优化配置、区域水资源统一调度、应急生态调度等手段，统筹兼顾湿地生态补水与生产、生活用水。对于水资源可利用量不足、弃水较小的河流，下游河床淤积严重、流速较小、演进时间过长的河流，以及沿程渗漏、蒸发耗水量较大的河流，通常需借助渠系工程来实现高效输水和跨区域生态调水（张珮纶 等，2017）。调度时段主要囊括调度起止时间和年内调度频次（刘越 等，2010）。在制订涵盖调度水量、调度路径、调度时段等多目标多要素的调度方案后，基于可利用调度水源与湿地的位置关系、区域水资源供需矛盾、调度线路的调水能力和资源消耗等条件，考虑上下游关系综合确定调度策略（崔桢 等，2016）。此外，为进一步论证生态调度策略的合理性，国内外学者还会对湿地生态调度措施的生态效益进行预测（卓俊玲 等，2013）和效果评估（靳勇超 等，2015）。

湿地水环境修复是利用水生态系统原理，采取各种工程技术手段，改善水体质量，修复生态系统结构和功能的过程，主要包括污水处理技术和水体富营养化控制技术，也称为污染物外源控制和内源治理（张永泽和王烜，2001）。其中污染物外源控制技术是通过工程措施严格控制外界污染物输入湿地，减轻污染负荷，尤其是控制氮、磷营养盐含量；内源污染物的治理主要包括物理处理法、化学处理法和生物处理法，其中生物处理法包括微生物修复法和水生生物修复法，主要利用生物的富集作用去除水体中的营养物质。

（3）湿地土壤修复技术。土壤是湿地植物生长的最重要基质，也是湿地中众多微生物和小型动植物的栖息场所，在湿地生态修复过程中具有重要的作用（崔丽娟 等，2011b）。湿地土壤修复技术主要包括换土法和土壤改良法。换土法是将污染土壤通过深翻到土壤底层，或在污染土壤上覆盖新土，或将污染土壤挖走换上未被污染土壤的方法（高翔云 等，2006）。土壤改良法是运用物理、化学和生物方法修复退化土壤的结构与功能，对土壤容重、孔隙度、营养状况、保水保肥能力加以改善。其中，生物改良法是目前土壤修复常用的主流方法（刘青，2012）。

2）生态系统结构和功能修复技术

湿地生态系统结构与功能修复主要是从湿地生态系统修复的目标与要求出发，进行总体设计，利用物种引入与去除技术、群落结构稳定技术、景观重建技术等生态系统构建与集成技术，修复湿地物种，构建相对稳定的湿地群落结构，恢复湿地生态系统功能。

（1）湿地植被修复。湿地生态系统结构与功能修复的核心是植被修复。目前湿地植被恢复技术的选择通常依据湿地资源现状及特点，在充分调查研究基础上，因地制宜地采取自然恢复、人工修复促进自然恢复等恢复模式。其中，自然恢复是指通过湿地自身动态变化过程而进行的被动性恢复，是利用湿地自身种源进行天然植被恢复，主要包括湿地种子库、种子传播和植被繁殖，通常在植物种质资源丰富、具有良好水文周期、自然肥力高等地段采用自然恢复方式。人工修复促进自然恢复是指通过人工辅助手段进行恢复，在自然恢复进程缓慢区域，通过人工撒播、补种水生植物等方式辅助自然恢复。植被恢复首先要尊重植被群落的演替规律，遵守植物地带性原则、生物多样性原则、群落稳定性原则和长短效益结合原则。现有的湿地植物修复技术通常要求在湿地植物恢复过程中，尽量保持原始的自然地貌及水流状态。选择乡土植物，按照生态习性，分别栽种挺水、沉水、浮水植物等湿地植物，丰富植物群落多样性，同时基于不同野生动物的栖息觅食习性，为不同湿地野生动物营造适宜的栖息环境。

（2）湿地动物生境修复。底栖生物、两栖动物及鸟类等湿地动物均是湿地生态系统的重要组成部分。底栖生物通过悬浮颗粒物过滤、污染物代谢、沉积物中的重金属物质富集而起到水质净化的作用。两栖动物和水鸟通过捕食底栖动物形成食物链，维持湿地生态系统的稳定。湿地动物生境主要修复手段包括：①提升水环境质量。增加淡水比例和改善水环境质量可以增加底栖无脊椎动物的多样性和丰富度（Cai et al.，2021；Lu et al.，2019；Wu et al.，2019；Yang et al.，2019）。②增加湿地面积。两栖动物物种多样性和丰富度与湿地面积呈正相关（Houlahan et al.，2006）。可采用生态促淤、水位调控、人工湿地建设等方法增加水利工程影响区的湿地面积。③营造多类型适宜生境。在生态修复工程实施过程中，可根据恢复区水鸟的生活习性和对环境的适应能力，改善湿地生境和物种栖息地。在湿地核心地带营造生境岛，并在周边种植植物和放养鱼虾，为鸟类营造良好的栖息和觅食环境。必要情况下，通过地形改造、基质恢复等措施为鸟类提供可选择的栖息地，有效地改善其种群动态和群落组成（崔丽娟 等，2011b）。

1.3.6 我国湿地保护与修复现状

我国自 1992 年加入《关于特别是作为水禽栖息地的国际重要湿地公约》以来，相继采取了一系列加强湿地保护与修复的重大举措：制定和实施《全国湿地保护工程规划（2002—2030 年）》；开展湿地生态效益补偿示范项目；完成全国首次湿地资源调查和第二次全国湿地资源调查；开展湿地宣传教育；划定全国湿地保护红线等（Jiang and Xu，2019；Jiang et al.，2015）。“十一五”期间（2006～2010 年），我国政府投资 30.3 亿元用于湿地保护（国家发展和改革委员会，2016）。“十二五”期间（2011～2015 年），我国政府将湿地保护资金增加到 67.02 亿元。截至 2015 年底，我国已有 49 个国际重要湿地、600 多个湿地自然保护区、705 个国家湿地公园，初步形成了以自然保护区为主体，湿地公园和湿地保护小区并存，其他保护形式互为补充的湿地保护体系，湿地保护率达到 44.60%（国家林业和草原局，2017）。“十三五”期间（2016～2020 年），我国政府将湿地保护资金进一步增加到 98.7 亿元，实施湿地保护与恢复项目 53 个，实施湿地生态效益补偿补助、退耕还湿、湿地保护与恢复补助项目 2000 余个，新增湿地面积 2026 km^2，新增国际重要湿地 15 处、国家重要湿地 29 处，全国湿地保护率达到 50%以上（国家林业和草原局政府网，2021）。截至 2020 年底，我国共有国际重要湿地 64 处、湿地自然保护区 602 处、国家湿地公园 899 处，初步建立起以国际重要湿地、国家重要湿地、湿地自然保护区、国家湿地公园为主体的全国湿地保护体系（宁峰，2021）。

参 考 文 献

邴建平, 2018. 长江—鄱阳湖江湖关系演变趋势与调控效应研究[D]. 武汉: 武汉大学.

陈克林, 1995. 《拉姆萨尔公约》:《湿地公约》介绍[J]. 生物多样性, 3(2): 119-121.

陈利顶, 齐鑫, 李芬, 等, 2010. 城市化过程对河道系统的干扰与生态修复原则和方法[J]. 生态学杂志, 4: 805-811.

崔保山, 杨志峰, 2002. 湿地生态环境需水量研究[J]. 环境科学学报, 2: 219-224.

崔保山, 杨志峰, 2003. 湿地生态环境需水量等级划分与实例分析[J]. 资源科学, 25(1): 21-28.

崔丽娟, 鲍达明, 肖红, 等, 2006. 基于生态保护目标的湿地生态需水研究[J]. 世界林业研究, 19(2): 18-22.

崔丽娟, 张岩, 张曼胤, 等, 2011a. 湿地水文过程效应及其调控技术[J]. 世界林业研究, 24(2): 10-14.

崔丽娟, 张曼胤, 张岩, 等, 2011b. 湿地恢复研究现状及前瞻[J]. 世界林业研究, 24(2): 5-9.

崔桢, 沈红, 章光新, 2016. 3 个时期莫莫格国家级自然保护区景观格局和湿地水文连通性变化及其驱动因素分析[J]. 湿地科学, 6: 866-873.

董李勤, 章光新, 2011. 全球气候变化对湿地生态水文的影响的研究综述[J]. 水科学进展, 22(3): 429-436.

段亮, 宋永会, 郅二铨, 等, 2014. 辽河保护区牛轭湖湿地恢复技术研究[J]. 环境工程技术学报, 4(1): 18-23.

方佳佳, 王烜, 孙涛, 等, 2018. 河流连通性及其对生态水文过程影响研究进展[J]. 水资源与水工程学报, 29(2): 19-26.

冯夏清, 章光新, 2010. 自然-人为双重作用下扎龙湿地水文情势分析[J]. 资源科学, 32(12): 2316-2323.

高翔云, 汤志云, 李建和, 等, 2006. 国内土壤环境污染现状与防治措施[J]. 江苏环境科技, 19(2): 52-55.

国家发展和改革委员会, 2016. 全国湿地保护“十二五”实施规划[R/OL]. (2016-04-26)[2021-08-24]. https://www. ndrc. gov. cn/fggz/fzzlgh/gjjzxgh/201604/P020191104623998279913. doc.

国家林业和草原局政府网, 2017. 全国湿地保护“十三五”实施规划[R/OL]. (2017-04-20)[2017-08-20]. http://www. forestry. gov. cn/uploadfile/main/2017-4/file/2017-4-19-e3e8e6c738d64e10a36a5cd57b054d31. pdf.

国家林业和草原局政府网, 2021. “十三五”我国投资近百亿元保护湿地[EB/OL]. (2021-02-04)[2021-11-04]. http://www. forestry. gov. cn/main/586/20210203/134832226151438. html.

何池全, 2003. 湿地植物生态过程理论及其应用: 三江平原典型湿地研究[M]. 上海: 上海科学技术出版社.

胡苏萍, 徐灿灿, 李弘, 2017. 退役坝拆除研究进展[C]//窦希萍, 左其华. 第十八届中国海洋(岸)工程学术讨论会论文集(下). 北京: 海洋出版社: 556-566.

黄维, 王为东, 2016. 三峡工程运行后对洞庭湖湿地的影响[J]. 生态学报, 36(20): 6345-6352.

靳勇超, 罗建武, 朱彦鹏, 等, 2015. 内蒙古辉河国家级自然保护区湿地保护成效[J]. 环境科学研究, 28(9): 1424-1429.

李波, 2006. 盘锦“红海滩”退化初探[J]. 垦殖与稻作, 4: 76-78.

李鋆华, 2008. 郑州黄河湿地景观演变与城市发展的关系[D]. 郑州: 河南农业大学.
李忠波, 2002. 盘锦海岸带“红海滩”植物群落退化原因及恢复措施[J]. 辽宁城乡环境科技, 22(3): 37-45.
刘大钊, 周立志, 2021. 安徽安庆菜子湖国家湿地公园景观格局变化对鸟类多样性的影响[J]. 生态学杂志, 40 (7): 2201-2212.
刘青, 2012. 鄱阳湖湿地生态修复理论与实践[M]. 北京: 科学出版社.
刘越, 程伍群, 尹健梅, 等, 2010. 白洋淀湿地生态水位及生态补水方案分析[J]. 河北农业大学学报, 33(2): 107-109, 118.
陆健健, 何文珊, 童春富, 等, 2006. 湿地生态学[M]. 北京: 高等教育出版社.
罗乐, 陈媛媛, 郝红升, 等, 2021. 引调水工程对调蓄湖泊生态环境的影响分析[J]. 水力发电, 47(4): 1-4, 13.
吕金福, 肖荣寰, 介冬梅, 等, 2000. 莫莫格湖泊群近50年来的环境变化[J]. 地理科学, 20(3): 279-283.
吕宪国, 李红玉, 2004. 湿地生态系统保护与管理[M]. 北京: 化学工业出版社.
马晓媛, 2019. 我国水利工程规模数量跃居世界前列[N]. 中国水利报, 2019-09-11[2021-11-03].
宁峰, 2021. 陕西现有湿地保护区 9 处、公园 43 处 湿地面积渭南排名第一[EB/OL]. 2021-02-01 [2021-11-04]. http://news. hsw. cn/system/2021/0201/1290862. shtml
戚登臣, 李广宇, 2007. 黄河上游玛曲湿地退化现状,成因及保护对策[J]. 湿地科学, 5(4): 341-347.
王兴菊, 许士国, 张奇, 2006. 湿地水文研究进展综述[J]. 水文, 26(4): 1-5.
许文年, 叶建军, 周明涛, 等, 2004. 植被混凝土护坡绿化技术若干问题探讨[J]. 水利水电技术, 35(10): 50-52.
姚斯洋, 李昕禹, 刘成林, 等, 2021. 不同水位下拟建鄱阳湖水利枢纽对食块茎鸟类栖息地适宜性的影响研究[J]. 生态学报, 41(10): 3998-4009.
张建春, 彭补拙, 2003. 河岸带研究及其退化生态系统的恢复与重建[J]. 生态学报, 23(1): 56-63.
张明祥, 2008. 湿地水文功能研究进展[J]. 林业资源管理, 5: 64-68.
张珮纶. 王浩, 雷晓辉, 等, 2017. 湿地生态补水研究综述[J]. 人民黄河, 39(9): 64-69.
张彦增, 2010. 衡水湖湿地恢复与生态功能[M]. 北京: 中国水利水电出版社.
张永泽, 王烜, 2001. 自然湿地生态恢复研究综述[J]. 生态学报, 21(2): 309-314.
张仲胜, 于小娟, 宋晓林, 等, 2019. 水文连通对湿地生态系统关键过程及功能影响研究进展[J]. 湿地科学, 17(1): 1-8.
章光新, 尹雄锐, 冯夏清, 2008, 湿地水文研究的若干热点问题[J]. 湿地科学, 6(2): 105-115.
赵同谦, 徐华山, 孟红旗, 等, 2016. 滨河湿地生态系统服务功能形成机制与恢复理论研究[M]. 北京: 科学出版社.
郑越馨, 2020. 嫩江流域湿地生态退化及其水文驱动机制研究[D]. 哈尔滨: 黑龙江大学.
中国水电工程顾问集团有限公司, 2014. 长江三峡水利枢纽工程竣工环境保护验收调查报告[R]. 北京: 中国水电工程顾问集团有限公司.
中华人民共和国国水利部, 2019. 水库降等与报废评估导则: SL/T 791—2019[S]. 北京: 中国水利水电出版社.
中华人民共和国水利部, 2020. 中国水利统计年鉴[M]. 北京: 中国水利水电出版社.

卓俊玲, 葛磊, 史雪廷, 2013. 黄河河口淡水湿地生态补水研究[J]. 水生态学杂志, 34(2): 14-21.

BROOKS A P, GEHRKE P C, JANSEN J D, et al., 2004. Experimental reintroduction of woody debris on the Williams River, NSW: geomorphic and ecological responses[J]. River research and applications, 20(5): 513-536.

BROWN P H, TULLOS D, TILT B, et al., 2009. Modeling the costs and benefits of dam construction from a multidisciplinary perspective[J]. Journal of environmental management, 90: S303-S311.

CAI Y, LIANG J, ZHANG P, et al., 2021. Review on strategies of close-to-natural wetland restoration and a brief case plan for a typical wetland in northern China[J]. Chemosphere, 285: 131534.

CASTELLA E, BÉGUIN O, BESACIER-MONBERTRAND A-L, et al., 2015. Realised and predicted changes in the invertebrate benthos after restoration of connectivity to the floodplain of a large river[J]. Freshwater biology, 60(6): 1131-1146.

CHAPIN III F S, MATSON P A, MOONEY H A, 2002. Principles of terrestrial ecosystem ecology[M]. New York: Springer.

CHEN M, QIN X, ZENG G, et al., 2016. Impacts of human activity modes and climate on heavy metal "spread" in groundwater are biased[J]. Chemosphere, 152: 439-445.

CORSAIR H J, RUCH J B, ZHENG P Q, et al., 2009. Multicriteria decision analysis of stream restoration: potential and examples[J]. Group decision and negotiation, 18(4): 387-417.

ČUČEK L, KLEMEŠ J J, KRAVANJA Z, 2012. A review of footprint analysis tools for monitoring impacts on sustainability[J]. Journal of cleaner production, 34: 9-20.

DENG C, LIU P, WANG D, et al., 2018. Temporal variation and scaling of parameters for a monthly hydrologic model[J]. Journal of hydrology, 558: 290-300.

DONOHUE I, MOLINOS J G, 2009. Impacts of increased sediment loads on the ecology of lakes[J]. Biological reviews, 84(4): 517-531.

DUGAN P J, BARLOW C, AGOSTINHO A A, et al., 2010. Fish migration, dams, and loss of ecosystem services in the Mekong basin[J]. Ambio, 39(4): 344-348.

FISHER B, TURNER R K, MORLING P, 2009. Defining and classifying ecosystem services for decision making[J]. Ecological economics, 68(3): 643-653.

GAO C, GAO X, DENG J, 2017. Summary comments on hydrologic connectivity[J]. Chinese journal of applied and environmental biology, 23(3): 586-594.

GRUMBINE R E, PANDIT M K, 2013. Threats from India's Himalaya dams[J]. Science, 339(6115): 36-37.

HANCOCK P J, BOULTON A J, 2005. The effects of an environmental flow release on water quality in the hyporheic zone of the Hunter River, Australia[J]. Hydrobiologia, 552: 75-85.

HENGCHAOVANICH D, 1998. Vetiver grass for slope stabilization and erosion control[M]. Bangkok: Office of the Royal Development Projects Board.

HESSION W, JOHNSON T, CHARLES D, et al., 2000. Ecological benefits of riparian reforestation in urban watersheds: study design and preliminary results[J]. Environmental monitoring and assessment, 63(1): 211-222.

HOHENSINNER S, HABERSACK H, JUNGWIRTH M, et al., 2004. Reconstruction of the characteristics of a natural alluvial river-floodplain system and hydromorphological changes following human modifications: the Danube River (1812-1991)[J]. River research and applications, 20(1): 25-41.

HOULAHAN J E, KEDDY P A, MAKKAY K, et al., 2006. The effects of adjacent land use on wetland species richness and community composition[J]. Wetlands, 26(1): 79-96.

HUFFORD K M, MAZER S J, 2003. Plant ecotypes: genetic differentiation in the age of ecological restoration[J]. Trends in ecology &evolution, 18(3): 147-155.

HUGHES F M R, COLSTON A, MOUNTFORD J O, 2005. Restoring riparian ecosystems: the challenge of accommodating variability and designing restoration trajectories[J]. Ecology and society, 10(1): 12.

JIANG B, XU X B, 2019. China needs to incorporate ecosystem services into wetland conservation policies[J]. Ecosystem services, 37: 100941.

JIANG B, WONG C P, CHEN Y Y, et al., 2015. Advancing wetland policies using ecosystem services-China's way out[J]. Wetlands, 35: 983-995.

KITANISHI S, YAMAMOTO T, EDO K, et al., 2012. Influences of habitat fragmentation by damming on the genetic structure of masu salmon populations in Hokkaido, Japan[J]. Conservation genetics, 13(4): 1017-1026.

KUMAR P, 2011. The economics of ecosystems and biodiversity: ecological and economic foundations[M]. London: Earthscan.

LAMOUROUX N, GORE J A, LEPORI F, et al., 2015. The ecological restoration of large rivers needs science-based, predictive tools meeting public expectations: an overview of the R hône project[J]. Freshwater biology, 60(6): 1069-1084.

LEWIS III R R, 2005. Ecological engineering for successful management and restoration of mangrove forests[J]. Ecological engineering, 24(4): 403-418.

LI P, REN L, 2019. Evaluating the effects of limited irrigation on crop water productivity and reducing deep groundwater exploitation in the North China Plain using an agro-hydrological model: I. Parameter sensitivity analysis, calibration and model validation[J]. Journal of hydrology, 574: 497-516.

LIN Z, QI J, 2017. Hydro-dam-A nature-based solution or an ecological problem: the fate of the Tonlé Sap Lake[J]. Environmental research, 158: 24-32.

LOVETT G M, JONES C G, TURNER M G, et al., 2005. Ecosystem function in heterogeneous landscapes[M]. New York: Springer.

LU K, WU H, XUE Z, et al., 2019. Development of a multi-metric index based on aquatic invertebrates to assess floodplain wetland condition[J]. Hydrobiologia, 827(1): 141-153.

MAO X F, CUI L J, 2012. Reflecting the importance of wetland hydrologic connectedness: a network perspective[J]. Procedia environmental sciences, 13: 1315-1326.

MENG B, LIU J L, BAO K, et al., 2020. Methodologies and management framework for restoration of wetland hydrologic connectivity: a synthesis[J]. Integrated environmental assessment and management, 16(4): 438-451.

MUELLER M, PANDER J, GEIST J, 2011. The effects of weirs on structural stream habitat and biological communities[J]. Journal of applied ecology, 48(6): 1450-1461.

NAIMAN R J, BUNN S E, NILSSON C, et al., 2002. Legitimizing fluvial ecosystems as users of water: an overview[J]. Environmental management, 30(4): 455-467.

NILSSON C, REIDY C A, DYNESIUS M, et al., 2005. Fragmentation and flow regulation of the world's large river systems[J]. Science, 308(5720): 405-408.

OBOLEWSKI K, 2011. Macrozoobenthos patterns along environmental gradients and hydrological connectivity of oxbow lakes[J]. Ecological engineering, 37(5): 796-805.

OBOLEWSKI K, GLIŃSKA-LEWCZUK K, OŻGO M, et al., 2016. Connectivity restoration of floodplain lakes: an assessment based on macroinvertebrate communities[J]. Hydrobiologia, 774(1): 23-37.

PAN B, YUAN J, ZHANG X, et al., 2016. A review of ecological restoration techniques in fluvial rivers[J]. International journal of sediment research, 31(2): 110-119.

PANDER J, MUELLER M, GEIST J, 2015. Succession of fish diversity after reconnecting a large floodplain to the upper Danube River[J]. Ecological engineering, 75: 41-50.

POFF N L, OLDEN J D, MERRITT D M, et al., 2007. Homogenization of regional river dynamics by dams and global biodiversity implications[J]. Proceedings of the national academy of sciences of the United States of America, 104(14): 5732-5737.

RAINS M, LEIBOWITZ S, COHEN M, et al., 2016. Geographically isolated wetlands are part of the hydrological landscape[J]. Hydrological processes, 30: 153-160.

ROBERTS S J, GOTTGENS J F, SPONGBERG A L, et al., 2007. Assessing potential removal of low-head dams in urban settings: an example from the Ottawa River, NW Ohio[J]. Environmental management, 39: 113-124.

RUPP-ARMSTRONG S, NICHOLLS R J, 2007. Coastal and estuarine retreat: a comparison of the application of managed realignment in England and Germany[J]. Journal of coastal research, 23(6): 1418-1430.

TURNER R K, VAN DEN BERGH J C, SöDERQVIST T, et al., 2000. Ecological-economic analysis of wetlands: scientific integration for management and policy[J]. Ecological economics, 35(1): 7-23.

VAN DER MOST M, HUDSON P F, 2018. The influence of floodplain geomorphology and hydrologic connectivity on alligator gar (*Atractosteus spatula*) habitat along the embanked floodplain of the Lower Mississippi River[J]. Geomorphology, 302: 62-75.

VÖRÖSMARTY C J, MCINTYRE P B, GESSNER M O, et al., 2010. Global threats to human water security and river biodiversity[J]. Nature, 467(7315): 555-561.

WILLIAMS C J, PIERSON F B, ROBICHAUD P R, et al., 2015. Structural and functional connectivity as a driver of hillslope erosion following disturbance[J]. International journal of wildland fire, 25(3): 306-321.

WOLTERS M, GARBUTT A, BAKKER J P, 2005. Salt-marsh restoration: evaluating the success of de-embankments in north-west Europe[J]. Biological conservation, 123(2): 249-268.

WU H, ZENG G, LIANG J, et al., 2013. Changes of soil microbial biomass and bacterial community structure in Dongting Lake: impacts of 50 000 dams of Yangtze River[J]. Ecological engineering, 57: 72-78.

WU H, GUAN Q, MA H, et al., 2019. Effects of saline conditions and hydrologic permanence on snail assemblages in wetlands of Northeastern China[J]. Ecological indicators, 96: 620-627.

YANG M, LU K, BATZER D P, et al., 2019. Freshwater release into estuarine wetlands changes the structure of benthic invertebrate assemblages: a case study from the Yellow River Delta[J]. Science of the total environment, 687: 752-758.

YOUNG P, 1996. The "new science" of wetland restoration[J]. Environmental science & technology, 30: 292-296.

ZHANG Y, ZHANG L, MITSCH W J, 2014. Predicting river aquatic productivity and dissolved oxygen before and after dam removal[J]. Ecological engineering, 72: 125-137.

【第2章】

三峡水利枢纽湿地生态影响分析

2.1 基 本 特 征

2.1.1 工程特征

三峡水利枢纽工程位于湖北省宜昌市三斗坪镇，坝址以上流域面积约 100 万 km^2，占长江流域面积的一半以上，坝址处多年平均流量 14 300 m^3/s，年径流量 4 510 亿 m^3。三峡水利枢纽工程是治理、开发和保护长江的关键性工程，具有防洪、发电、航运、水资源利用等综合效益。水库防洪限制水位为 145 m，枯季消落低水位 155 m，正常蓄水位、设计洪水位均为 175 m，校核洪水位 180.4 m，坝顶高程 185 m，防洪库容 221.5 亿 m^3，兴利库容 165 亿 m^3，具有季调节性能，电站总装机容量 2 250 万 kW。

工程于 2003 年 6 月进入围堰蓄水期，坝前水位按汛期 135 m、枯季 139 m 运行；2006 年汛后初期蓄水后，坝前水位按汛期 144 m、枯季 156 m 运行；2008 年汛末三峡水库进行 175 m 试验性蓄水，当年蓄水结束时水库坝前水位达到 172.29 m（其间最高水位 172.80 m）；2009 年 9 月 15 日，三峡水库开始蓄水，至 11 月 24 日 8 时水库坝前水位达到 171.41 m；2010 年 9 月 10 日 0 时水库继续蓄水，10 月 26 日 9 时，三峡水库首次蓄水至 175 m。至 2021 年 10 月 31 日 8 时，三峡水库已连续 11 年蓄水至 175 m，实现了防洪、发电、航运等综合目标。2020 年 11 月，三峡水利枢纽工程完成整体竣工验收。

2.1.2 三峡库区环境特征

1. 自然概况

三峡库区位于北纬 28° 32′～1° 44′，东经 105° 44′～111° 39′，东起宜昌市，西至重庆市，沿长江狭长分布，是长江经济带的重要组成部分，属长江上游的下段。三峡库区位于湖北省西部和重庆市东、中部，东南、东北与鄂西交界，西南与川黔接壤，西北与川陕相邻，面积约 5.8 万 km^2。

三峡库区地处中纬度，属亚热带季风湿润气候，温暖湿润，四季分明，雨量适中。冬暖春早、冬季雨少，初夏和仲夏雨水集中，盛夏常有伏旱，秋雨连绵，湿度大且云雾多；沿江两岸，多年平均气温达 18 ℃，≥10 ℃积温 5 000～6 000 ℃；相对湿度为 60%～80%，是长江流域一个高湿区，库区无霜期 300～340 d；年平均降水量 1 200 mm，4～10 月降水量占全年 80%以上，5～9 月常有暴雨出现，形成三峡区间洪水。

2. 水文水环境

三峡库区河段径流丰沛、变化幅度大，上游控制站宜昌站多年平均径流量约为 4 510 亿 m^3，多年平均流量为 14 300 m^3/s，最大洪峰流量为 71 100 m^3/s，最枯流量为

2 770 m^3/s，洪枯流量比约为 26。多年平均悬移质含沙量 1.18 kg/m^3。长江流域每年 5～10 月为汛期、7～8 月流量最大，汛期径流量约占全年径流量的 70%～80%。

2020 年三峡库区水质为优。其中汇入三峡库区的 38 条主要河流水质为优；监测的 77 个水质断面中，I～III 类水质断面占 98.7%，IV 类占 1.3%，无 V 类和劣 V 类，均与 2019 年持平；贫营养状态断面占 1.3%，中营养状态断面占 75.3%，富营养状态断面占 23.4%（中华人民共和国生态环境部，2021）。

3. 植被特征

三峡库区位于我国中亚热带北部，受亚热带季风气候的影响，森林植被的建群成分主要有亚热带山地常绿阔叶林、亚热带山地常绿落叶阔叶混交林、亚热带山地落叶阔叶林、常绿针叶林以及竹林、亚热带山地灌丛矮林的常绿阔叶灌丛和落叶阔叶灌丛。

2017 年三峡库区森林面积为 286.37 万 hm^2，森林覆盖率为 49.66%。库区物种资源丰富，具有较高的生物多样性，植物群落分属 5 个植被型组、7 个植被型、34 个群系组、110 个群系类型，共有野生高等植物 299 科 1 674 属 4 797 种，约占全国植物总数的 4.9%。其中苔藓植物 463 种，蕨类植物 371 种，种子植物 3 963 种（中华人民共和国生态环境部，2018）。

4. 动物资源

三峡库区已知脊椎动物共有 561 种，其中两栖类 32 种、爬行类 36 种、哺乳类 103 种、鸟类 390 种。其中，国家一级保护动物 10 种，国家二级保护动物 66 种（水电水利规划设计总院和长江水资源保护科学研究所，2010）。

总体来看，库区野生动物资源种类较为丰富，但受人类活动影响，森林乔木层物种多样性呈现出先减少后增加的趋势，库区陆生动物栖息地类型也呈现由森林演变为灌草丛再发展成为森林的演替过程。

2.1.3　洞庭湖区环境特征

1. 自然概况

洞庭湖位于荆江河段南岸、湖南省北部（东经 111° 14′～113° 10′，北纬 28° 30′～30° 23′），是我国第二大淡水湖。洞庭湖区是指荆江河段以南，湘、资、沅、澧“四水”尾闾控制站以下，高程在 50 m 以下，跨湘、鄂两省的广大平原、湖泊水网区，湖区总面积 19 195 km^2，其中天然湖泊面积约 2 625 km^2，洪道面积 1 418 km^2，受堤防保护面积 15 152 km^2。

洞庭湖区地处中北亚热带湿润气候区，具有气候温和、四季分明、热量充足、雨水集中、春温多变、夏秋多旱、严寒期短、暑热期长的气候特点。湖区多年平均气温约为 16.7 ℃，极端最低温度-18.1 ℃（临湘），极端最高温度 43.6 ℃（益阳）；无霜期 258～275 d；

年降水量 1100～1400 mm，由外围山丘向内部平原减少，4～6 月降雨占年总降水量 50%以上，多为大雨和暴雨，易发生洪、涝、渍灾。

2. 水文水环境

洞庭湖多年平均入湖径流量为 2803 亿 m^3，其中湘江、资水、沅江、澧水“四水”多年平均入湖径流量为 1658.2 亿 m^3，荆南松滋口、太平口、藕池口“三口”多年平均入湖径流量为 858.8 亿 m^3，区间多年平均入湖径流量约为 286 亿 m^3。受下荆江裁弯、葛洲坝蓄水、三峡蓄水等因素影响，洞庭湖各支流径流年内分配不均，“三口”入湖径流量逐渐减少，径流年际变化也较大。

洞庭湖水位上涨开始于 4 月，7～8 月达到最高，11 月至次年 3 月为枯水期。根据城陵矶（七里山）站水位资料统计，洞庭湖多年月平均水位 24.80 m，以 7 月最高为 30.16 m，1 月最低为 20.00 m。洞庭湖水位西高东低，东洞庭湖鹿角站多年平均水位 25.77 m，南洞庭湖东南湖站多年月平均水位 30.06 m，西洞庭湖南咀站多年月平均水位 30.17 m。

洞庭湖湖体 11 个评价考核断面中，III 类水质断面 1 个，V 类水质断面 10 个，水质总体为轻度污染，主要污染指标为总磷，营养状态为中营养（湖南省生态环境厅，2021）。

3. 植被特征

由于季节性淹水条件的长期作用，洞庭湖发育着丰富的湿地植被资源。洞庭湖区位于中国东部中亚热带常绿阔叶林地带，自然条件优越，植被类型多样，植物资源丰富。根据《中国植被》的分类原则（吴征镒，1980），洞庭湖洲滩湖泊可分为 7 个植被型，13 个植被亚型，70 个植物群系。洞庭湖区所属植被区为湘北滨湖平原栎栲林、农田及防护林、堤垸沼泽湖泊植被区。区内原生植被仅存在于外湖洲滩湿地，主要有沼泽化草甸、草甸、沼泽和水生植被。垸内在长期人类经营下已基本不存在原生植被，而以农田植被为主，兼有人工林地、草地、河滩、湖滩草甸，植被多为农业栽培和防护林带，森林覆盖率低。主要农作物有水稻、小麦、花生和玉米等，林地以田间四旁林、农田林网、果园林和宅地稀疏林、堤岸防护林带为主。

4. 动物资源

洞庭湖分布的陆生脊椎动物共有 348 种，隶属 4 纲 30 目 89 科。其中两栖纲有 2 目 5 科 12 种，爬行纲有 3 目 8 科 24 种，鸟纲有 18 目 60 科 282 种，哺乳纲有 7 目 16 科 30 种。

洞庭湖是迁徙水鸟极其重要的越冬地。湖区分布的国家一级保护鸟类有白鹤、白头鹤、白鹳、黑鹳、中华秋沙鸭、大鸨、白尾海雕 7 种；国家二级保护鸟类有小天鹅、鸳鸯、灰鹤等 38 种。洞庭湖分布有国际濒危物种 9 种，达到或超过全球种群数量 1%的物种有 15 种（长江水资源保护科学研究所，2009）。

5. 重要湿地

为保护洞庭湖湿地生态系统服务及生物多样性，目前洞庭湖已建有 4 个自然保护区，分别为湖南东洞庭湖国家级自然保护区、横岭湖省级自然保护区、湖南南洞庭湖省级自然保护区和湖南西洞庭湖国家级自然保护区（表 2.1）。东洞庭湖、南洞庭湖和西洞庭湖均被列入《国际重要湿地名录》。

表 2.1　洞庭湖湿地自然保护区基本情况

保护区名称	行政区域	面积/km^2	主要保护对象	类型	级别
湖南东洞庭湖国家级自然保护区	岳阳市	1 900.0	珍稀水禽及湿地生态系统	内陆湿地	国家级
横岭湖省级自然保护区	湘阴县	430.0	湿地及珍稀鸟类	内陆湿地	省级
湖南南洞庭湖省级自然保护区	沅江市	770.0	湿地生态系统及水禽	内陆湿地	省级
湖南西洞庭湖国家级自然保护区	汉寿县	356.8	湿地生态系统及野生动植物	内陆湿地	国家级

1）湖南东洞庭湖国家级自然保护区

湖南东洞庭湖国家级自然保护区位于长江中下游荆江河段南侧，地处湖南省东北部岳阳市境内，地理坐标为东经 112° 43′～113° 15′、北纬 28° 59′～29° 38′，属湿地生态系统类型自然保护区。保护区总面积 19 万 hm^2，其中核心区 2.9 万 hm^2，缓冲区 3.64 万 hm^2，实验区 12.46 万 hm^2。1982 年建立省级自然保护区，1994 年升为国家级自然保护区。

根据《湖南省岳阳东洞庭湖自然保护区自然资源综合科学考察报告》，保护区内记录到鸟类 282 种，其中国家一级保护鸟类有东方白鹳、黑鹳、白鹤、白头鹤、大鸨、中华秋沙鸭、白尾海雕 7 种，国家二级保护动物有灰鹤、小天鹅、白额雁等 38 种。东洞庭湖国家级自然保护区是目前世界上最大的小白额雁越冬地，小白额雁种群数量占全球的 70%～80%。保护区内有淡水鱼类 86 种，其中属国家一级保护动物的有中华鲟、白鲟 2 种，国家二级保护动物有胭脂鱼 1 种；淡水哺乳动物有国家一级保护动物白鱀豚和江豚。

2）横岭湖省级自然保护区

横岭湖省级自然保护区位于湘阴县北部，东起湘江与岳阳市屈原管理区隔江相望，南抵湘阴县洞庭围镇和浩河口镇，西临益阳沅江市，北接东洞庭湖磊石山。地理坐标为北纬 28° 30′～29° 03′、东经 112° 31′～118° 02′。2000 年 6 月建立了湘阴县横岭湖鸟类和湿地县级自然保护区，2003 年 4 月提升为省级自然保护区。横岭湖自然保护区总面积 28 000 hm^2，其中核心区 3 400 hm^2，缓冲区 19 600 hm^2，实验区 5 000 hm^2。横岭湖自然保护区是洞庭湖湿地的重要组成部分，属内陆湿地和水域生态系统类型自然保护区。

据调查，该保护区记录到鸟类 207 种，其中国家重点保护鸟类 38 种，国家一级保护鸟类有白鹤、大鸨、东方白鹳、黑鹳、白尾海雕、白头鹤、中华秋沙鸭 7 种，国家二级保护鸟类 31 种。该保护区是中华秋沙鸭和罗纹鸭的重要越冬栖息地，世界上近 30%的罗纹鸭在该保护区越冬。鱼类资源 9 目 15 科 68 种，其中有国家一级重点保护鱼类中华鲟、白鲟。

3）湖南南洞庭湖省级自然保护区

湖南南洞庭湖省级自然保护区位于洞庭湖西南，有湘江、资水、沅江、澧水和长江“三口”流入，总面积 1 680 km^2。保护区处于北纬 28° 38′15″～29° 1′45″，东经 112° 18′15″～113° 51′15″，由 18 个湖泊水系分割成 118 个洲滩，构成 50 091 hm^2 湖泊湿地，加上漉湖 54 200 hm^2、目平湖 3 300 hm^2，共 107 591 hm^2。南洞庭湖于 1991 年建立县级保护区，1997 年提升为省级自然保护区，2002 年被列入第二批《关于特别是作为水禽栖息地的国际重要湿地公约》的《国际重要湿地名录》。南洞庭湖省级自然保护区总面积 16.8 万 hm^2，核心区 3.9 万 hm^2，缓冲区 6.8 万 hm^2，实验区 6.1 万 hm^2。根据《湖南南洞庭湖省级自然保护区总体规划（2018—2027 年）》，规划调整后南洞庭湖自然保护区总面积为 8.0 万 hm^2，其中核心区 2.0 万 hm^2，缓冲区 2.3 万 hm^2，实验区 3.75 万 hm^2。

南洞庭湖省级自然保护区的保护对象为湿地生态系统和生物多样性、珍稀濒危水禽、自然生态环境和自然资源以及自然、人文景观。据调查，保护区有植物 154 科 475 属 863 种，鸟类 16 目 43 科 164 种、哺乳类 13 科 23 种、爬行类 8 科 29 种、两栖类 3 科 8 种、鱼类 16 科 86 种，国家一级保护动物有中华鲟、白鹤、中华秋沙鸭等 10 种，其中属于国家一级保护鸟类有白鹤、白鹳、黑鹳、大鸨等 6 种。

4）湖南西洞庭湖国家级自然保护区

湖南西洞庭湖国家级自然保护区位于湖南省汉寿县境内，1998 年建立国家级自然保护区。保护区处于北纬 28° 55′～29° 06′，东经 111° 57′～112° 07′。2002 年 1 月列入《国际重要湿地名录》。保护区总面积 35 680 hm^2，其中核心区 8 670 hm^2，缓冲区 10 440 hm^2，实验区 16 570 hm^2。保护对象为湿地生态系统和生物多样性、珍稀濒危水禽、自然生态环境和自然资源以及自然、人文景观。

据调查，保护区有维管束植物 151 科 465 属 865 种，鸟类 15 目 58 科 234 种，其中有白鹤、东方白鹳、黑鹳等 7 种国家一级保护鸟类，有小天鹅、白琵鹭、卷羽鹈鹕等 23 种国家二级保护鸟类。每年冬季有 2 万只以上的各类越冬水鸟在此栖息，种群以鹭类、雁鸭类为主。西洞庭湖区有鱼类 7 目 16 科 86 种，鱼类以鲤科鱼类为主，珍稀鱼类有中华鲟、白鲟、鲥鱼、银鱼、胭脂鱼等。

2.2　工程建设运行对湿地生态影响及保护对策措施

洞庭湖区拥有独特的水域环境和特殊的湿地条件，生物资源丰富，是中国首批加入《关于特别是作为水禽栖息地的国际重要湿地公约》的六块国际重要湿地之一，也是长江中下游湿地的重要组成部分。洞庭湖的生态环境保护问题受到国际、国内有关生物多样性保护组织及生态环境保护机构的关注。

三峡水利枢纽工程蓄水运行后，荆江河段水文情势和江湖关系发生了一定变化，这种变化极大地改善了洞庭湖汛期的防洪形势，但同时对洞庭湖湿地水文、湿地组成等产生重要影响。

2.2.1　对水文情势的影响

三峡工程运行前（1956～2002 年），受下荆江裁弯、葛洲坝运行、“三口”洪道淤积等因素影响，“三口”分流量和分沙量不断减少，年断流天数逐渐增加（张细兵 等，2010）。三峡工程运行后，由于水库的调节，最终的分流分沙出现变化，从而影响了洞庭湖的水沙关系。

关于三峡水库运行后对洞庭湖水文情势影响的研究已经有不少的成果。在水位方面，史璇等（2012）研究得出，受三峡工程的影响，洞庭湖水位在丰水期已经呈现下降的趋势，在枯水期有所提升，汛期末水位下降速度加快。李景保等（2013）研究得出：受三峡工程的影响，三峡水库不论是在典型年还是在不同调度方案的影响下，水位都有所下降；“四水”的来水量表现出了较为显著的优势，增强了洞庭湖对长江流域的补水能力。欧德才（2020）研究得出：在丰水期，洞庭湖的水位会比三峡水库运行前低；当枯水期三峡水库减少下泄流量时，洞庭湖的水位会比水库运行前有所升高；同时，三峡水库的调节也影响了洞庭湖水量的变化。在泥沙方面，张细兵等（2010）研究指出：三峡水库运行后，由于清水下泄作用，下泄沙量大为减少，使得坝下游河床冲刷、水位下降，引起荆江“三口”分沙和洞庭湖出口水位的变化，对洞庭湖区水沙情势和冲淤变化带来影响（表 2.2）。在防汛抗旱方面，桂红华等（2014）研究指出：三峡水库对洞庭湖主汛期（6～8 月）来水的大幅度蓄洪调节，在很大程度上缓解了洞庭湖的洪涝灾害隐患；三峡蓄水对洞庭湖草滩的出露影响较小、对泥滩地的出露影响更为明显，东洞庭湖秋旱主要由于长江上游天然来流量减少，三峡水库蓄水起到一定的加重作用，西、南洞庭湖秋旱则是由于“四水”及“三口”来流量减少，三峡水库蓄水影响程度小于 1/4（孙占东 等，2015）。

表 2.2　洞庭湖 52 年出入湖水沙量统计表

起止年份	入湖水量/（10^8m^3）	出湖水量/（10^8m^3）	入湖沙量/（10^4t）	出湖沙量/（10^4t）
1956～1966	3 080	3 126	22 886	5 961
1967～1972	3 006	2 982	18 803	5 247
1973～1995	2 666	2 688	13 179	3 311
1996～2002	2 810	2 958	8 744	2 251
2003～2008	2 267	2 294	2 445	1 533

注：表中数据引自于张细兵等（2010）。

为了进一步了解三峡水库 2010 年达到正常蓄水位 175 m 后“三口”流量和城陵矶水位的变化趋势，采用曼-肯德尔（Mann-Kendall）算法进行趋势分析，结果表明：弥陀寺（Z=−2.82，显著性水平 p<0.01）、沙道观（Z=−2.88，p<0.01）、新江口（Z=−2.71，p<0.01）、藕池（管）（Z=−2.65，p<0.01）等站 10 月流量均表现为显著下降趋势，藕池（康）表现为非显著下降趋势（Z=−1.74，p>0.05），其他月份由于在三峡水库蓄水前已基本断流，流量无显著变化。城陵矶除 10 月水位表现为显著下降趋势外（Z=−2.26，p<

0.05），枯水期其他月份（11 至次年 3 月）均无显著增加或下降趋势。城陵矶 10～12 月水位变化如图 2.1 所示。

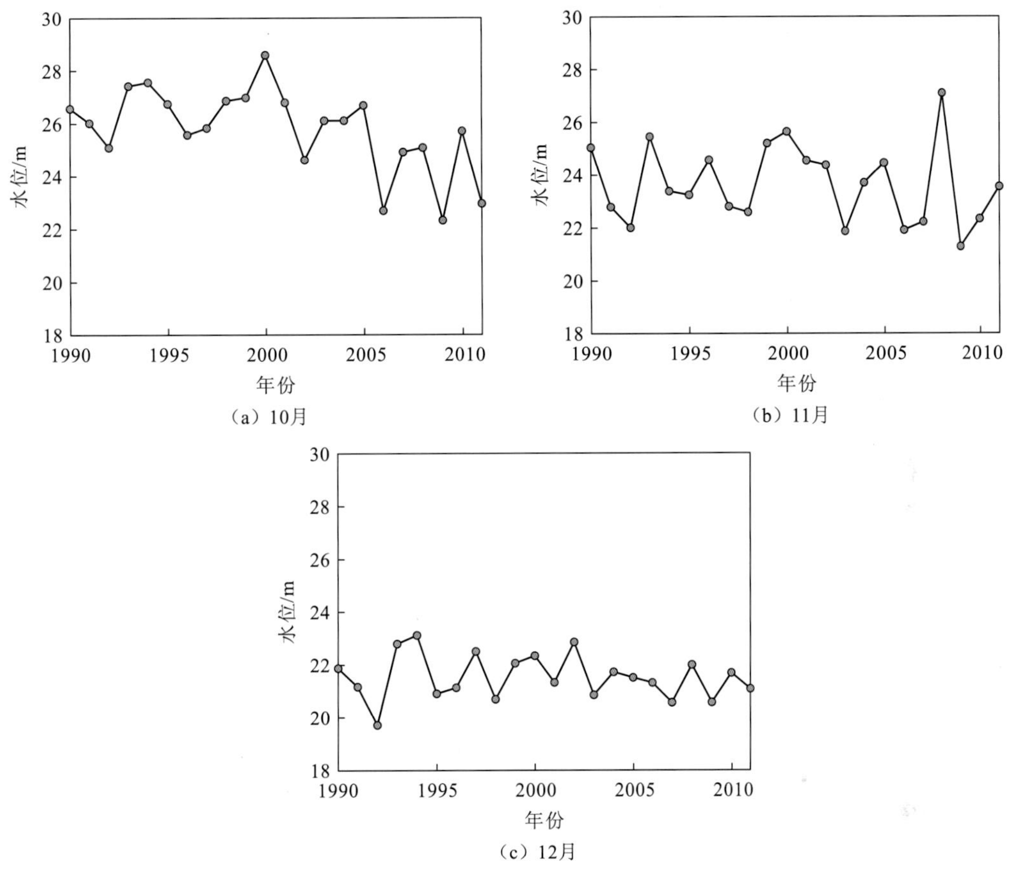

图 2.1　城陵矶 1990～2011 年枯水期（10～12 月）月平均水位变化

2.2.2　对水环境的影响

通过整合 20 世纪 90 年代末的监测数据得知，洞庭湖水质总体比较好，处于 II～III 类，属于清洁或轻度污染。受三峡工程的直接影响：一方面，洞庭湖的水位有了明显的下降趋势，水域的自净能力减弱；另一方面，水库的调节对洞庭湖水质具有周期性的影响，一旦下区域流量增加，洞庭湖的污染减少，将有效地改善洞庭湖的水质情况（欧德才，2020）。

根据相关研究成果（长江水利委员会长江科学院，2011），考虑三峡工程运行 20 年末时（指三峡水库从开始蓄水运用的 20 年），长江干流河床的冲刷、水位的下降、“三口”分流量的减少共同导致了七里山站水位的降低，10 月份月均水位比天然情况降低约 1.8 m，洞庭湖总体纳污能力有所降低。但根据水质模拟结果，在相同的入湖污染负荷状态下，典型枯水年（1986 年）10 月三峡工程运行前后洞庭湖区的水质变化不大（图 2.2～图 2.4），水质主要通过化学需氧量（chemical oxygen demand，COD）、总氮（TN）和总磷（TP）

含量反映，其主要原因体现为以下两个方面的综合作用。

（1）三峡工程运行引起洞庭湖 10 月同期水位降低，使洞庭湖总体纳污能力有所降低。

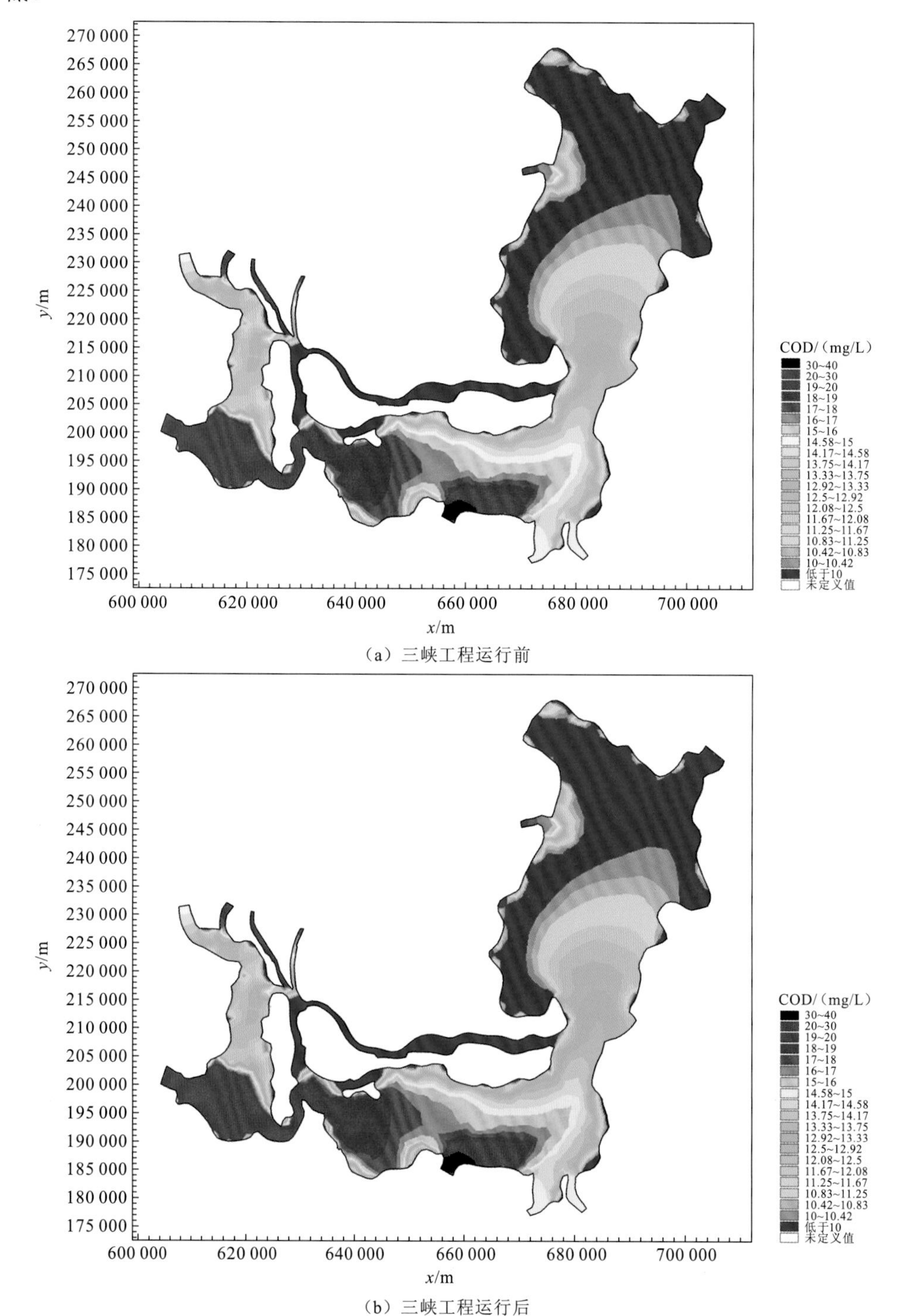

（a）三峡工程运行前

（b）三峡工程运行后

图 2.2　三峡工程运行前后洞庭湖 10 月末 COD 变化示意图

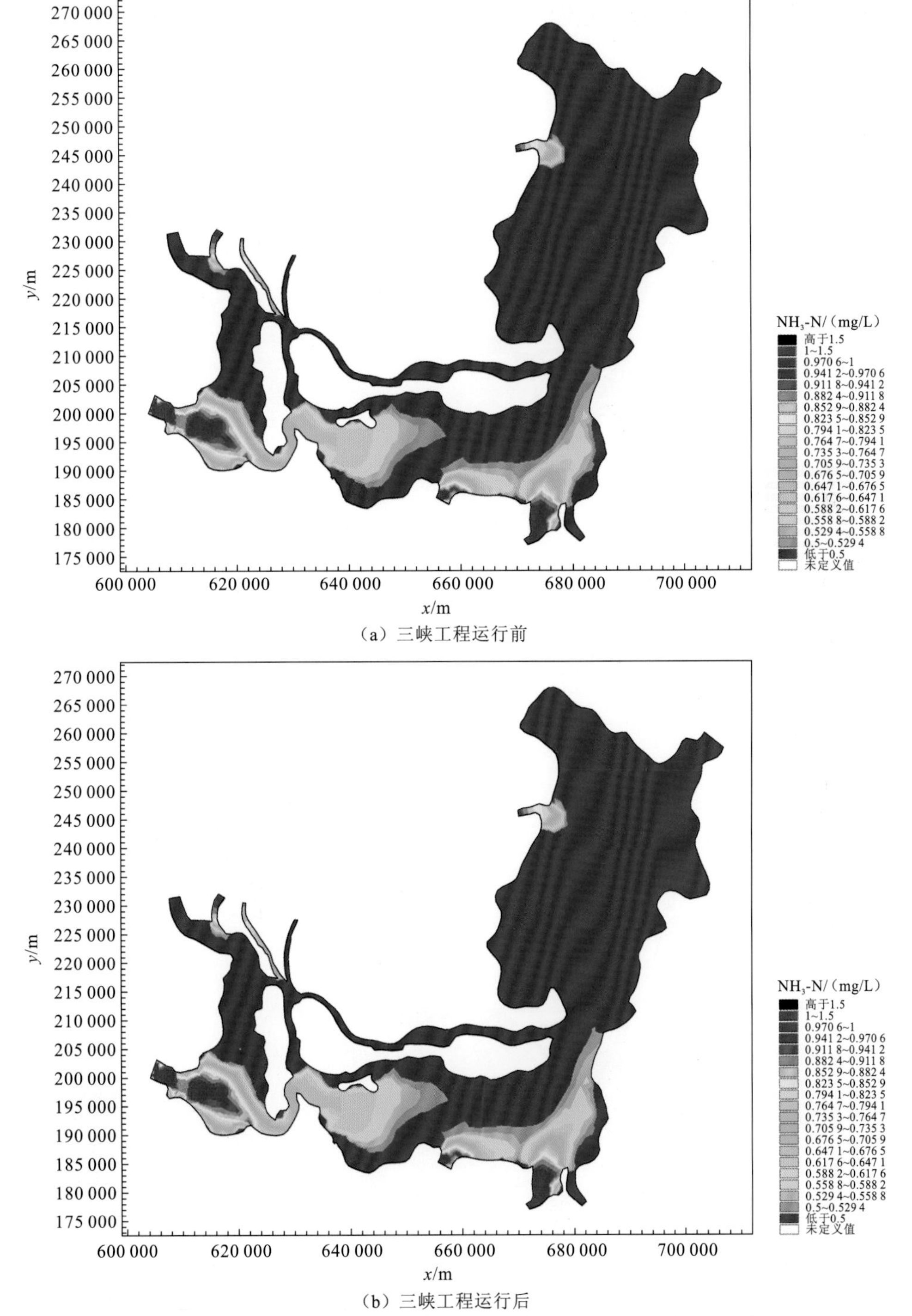

（a）三峡工程运行前

（b）三峡工程运行后

图 2.3　三峡工程运行前后洞庭湖 10 月末氨氮变化示意图

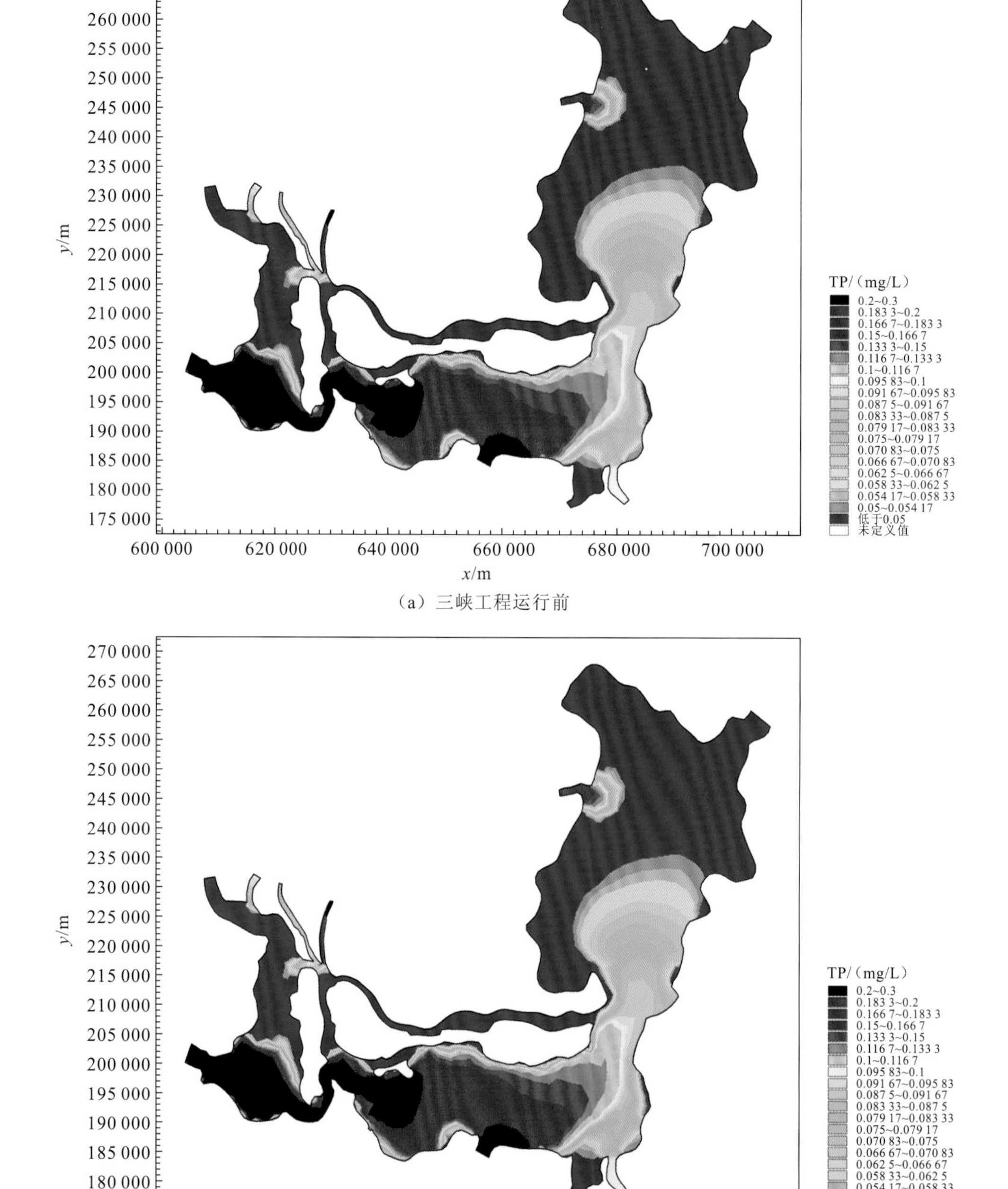

（a）三峡工程运行前

（b）三峡工程运行后

图 2.4　三峡工程运行前后洞庭湖 10 月末总磷变化示意图

（2）三峡工程运行引起洞庭湖城陵矶 10 月同期水位降低，水流出湖速度加快，湖区流速也有所提升，增大湖区近岸水域的稀释扩散能力，以岳阳市近岸湖区为例，近岸水域流速可增大 10%左右，三峡工程运行前后其流场变化如图 2.5 所示。

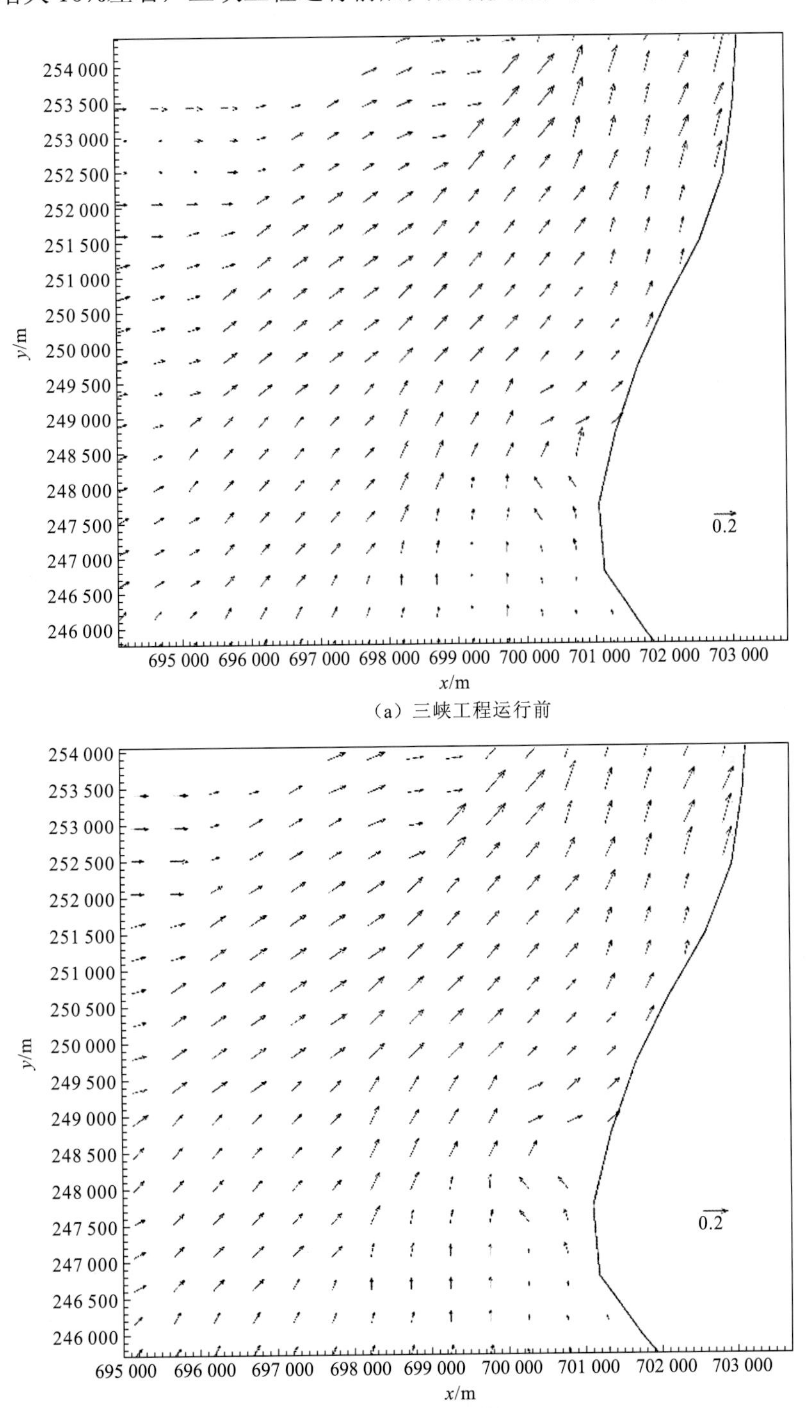

（a）三峡工程运行前

（b）三峡工程运行后

图 2.5　三峡工程运行前后洞庭湖岳阳市近岸水域流场变化示意图

2.2.3 对湿地生态的影响

1. 水位与湿地生境的响应关系

三峡水库调度运行对洞庭湖湿地生境的影响主要表现为水位变化情况下水域、泥滩地和草洲的相互转化。通过分析城陵矶历史水位数据，综合采用 3S 技术对洞庭湖湖区高分辨率遥感影像解译，分析不同水位对洞庭湖湿地类型组成、各湿地类型面积及其动态变化等的影响，并建立主要湿地组分面积与城陵矶水位的函数响应关系，最后利用 1989 年、1999 年、2008 年三个时段湿地组成的遥感解译成果，分析三峡水利枢纽运行前后洞庭湖区湿地组成的变化。

1）枯水期洞庭湖湿地组成

根据 1987～2011 年遥感解译结果，东洞庭湖各湿地组分面积及其对应水位（城陵矶）见表 2.3，典型年份各湿地类型空间分布见图 2.6。

表 2.3 不同时期东洞庭湖湿地组成及面积

卫片时间	城陵矶水位/m	各地类面积/km^2					
		水域	泥滩地	草洲	芦苇滩地	裸地及其他用地	防护林
1987-12-31	20.50	202.5	307.0	434.9	361.4	0.8	6.3
1989-2-11	20.78	204.4	257.3	531.8	261.4	30.2	22.0
1991-11-8	22.43	303.4	279.6	400.2	323.6	3.3	2.7
1999-12-24	21.25	244.5	204.2	508.3	252.5	85.2	15.9
2000-2-6	21.06	226.6	213.0	480.7	300.6	70.9	17.8
2001-12-29	20.98	186.8	183.7	422.1	453.9	45.8	14.3
2003-1-17	22.00	241.1	185.2	468.4	346.4	39.5	24.3
2004-12-13	21.96	274.7	140.9	379.0	488.3	0.1	29.6
2006-12-19	21.07	173.0	164.1	334.5	458.5	98.6	67.4
2007-2-5	20.57	232.4	103.1	532.5	310.4	59.4	75.1
2010-11-12	21.92	276.6	263.5	353.9	248.0	48.5	115.6
2011-1-15	22.09	246.8	224.0	530.7	242.8	3.7	64.8

从各湿地组分空间分布范围看，1987～2011 年东洞庭湖湿地呈现相对稳定的空间分布规律。泥滩地主要分布在东洞庭湖水域边缘，草洲湿地主要分布在河道两侧和湖体周边的低位洲滩，通常位于芦苇滩地下部，芦苇滩地占据洲滩主体部分。除了沿大堤呈条带状分布的防护林外，防护林、裸地及其他用地集中分布在漉湖周边、资江三角洲、湘江三角洲、南洞庭湖西部。造成这种湿地类型分布特征的原因有两个方面：一是滩地植被演替的过程；二是人为干扰的作用。

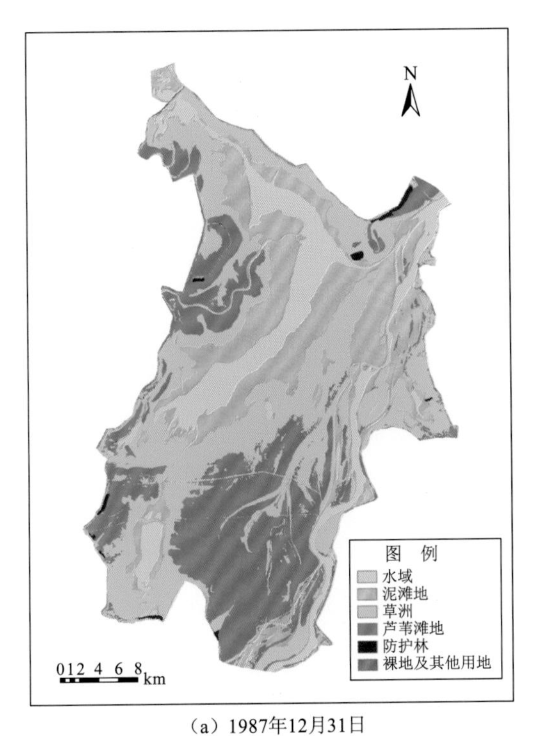

（a）1987年12月31日

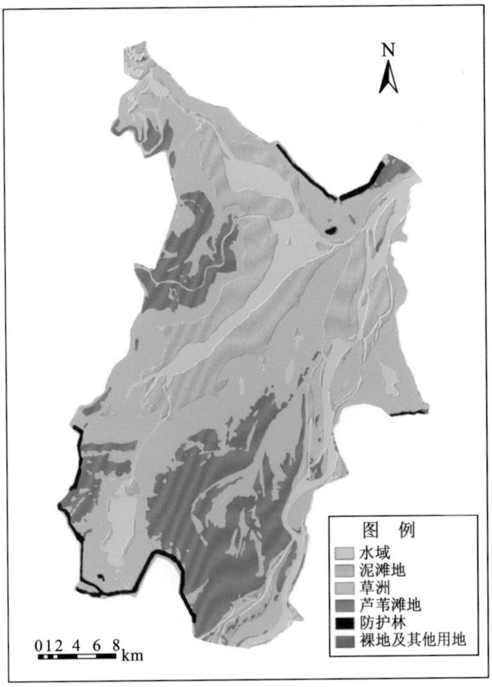

（b）1989年2月11日

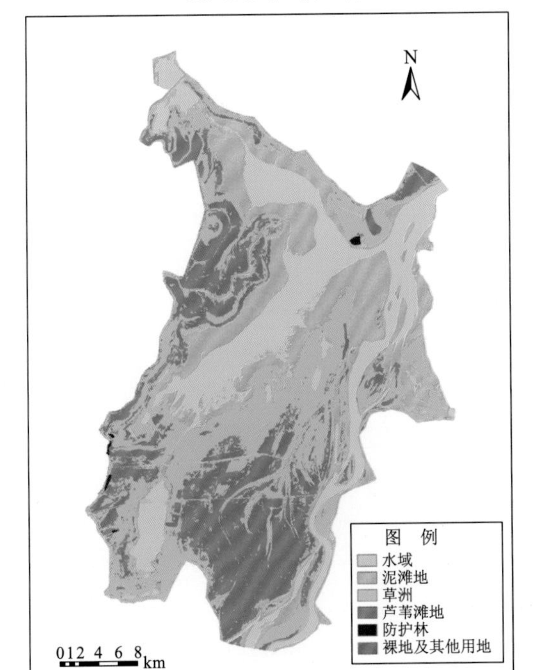

（c）1991年11月8日

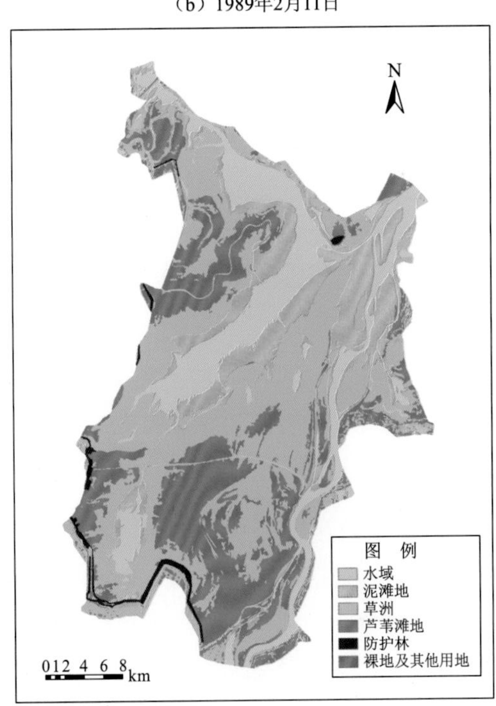

（d）1999年12月24日

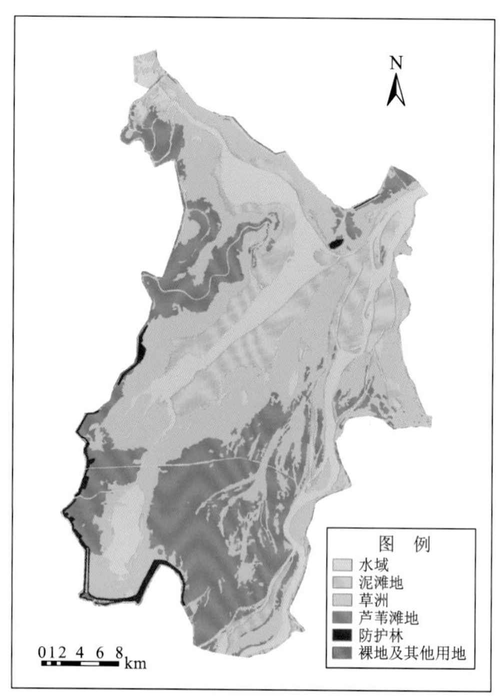

（e）2000年2月6日

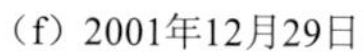

（f）2001年12月29日

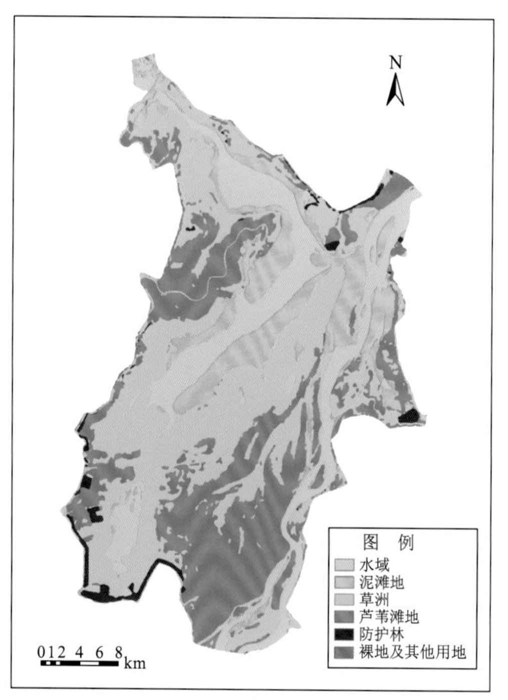

（g）2003年1月17日

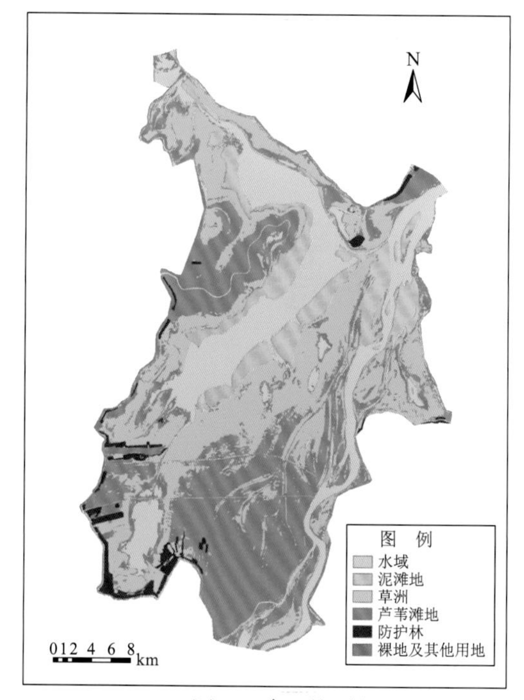

（h）2004年12月13日

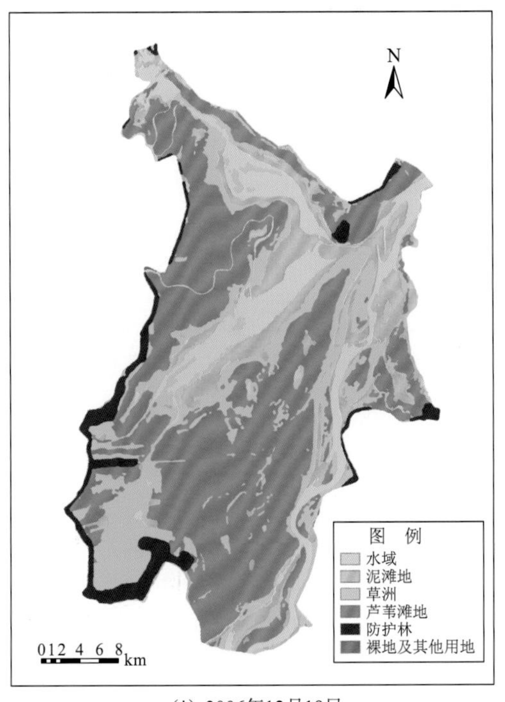

(i) 2006年12月19日

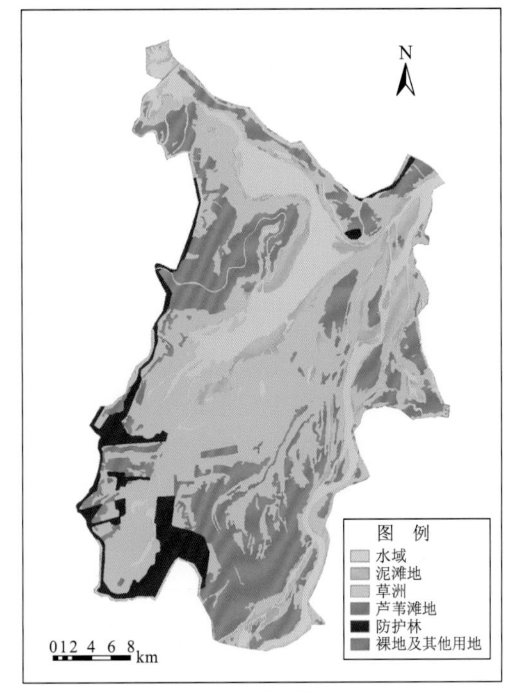

(j) 2007年2月5日

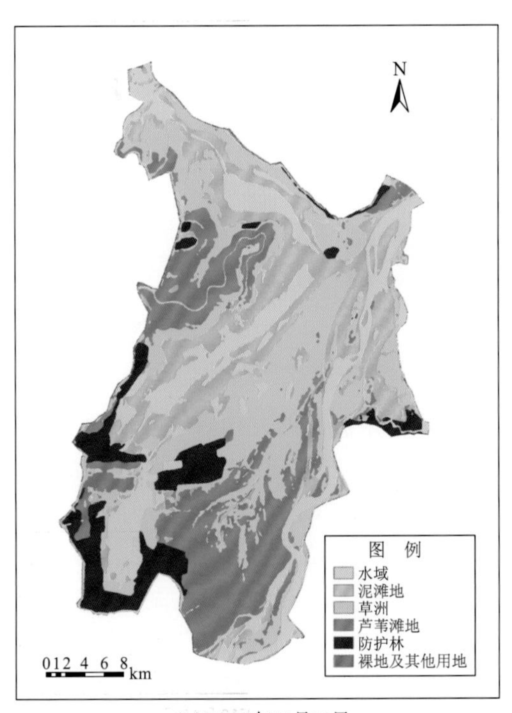

(k) 2010年11月12日

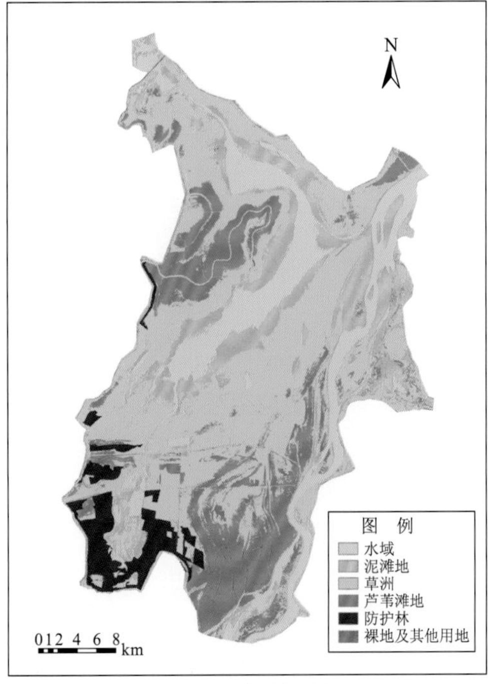

(l) 2011年1月15日

图 2.6 1987～2011 年枯水期东洞庭湖湿地类型遥感影像解译图

从各湿地组分高程分布来看：高程 23 m 以下主要为水域和泥滩地；草洲（主要为薹草）主要分布在 23～27 m 的水域和泥滩地边缘地段；芦苇大部分生长在 27 m 高程以上且靠近水域的区域，26～27 m 为芦苇与湖草生长的过渡带；防护林大多生长在 30 m 高程以上，主要为人工种植。

（1）东洞庭湖湿地组成。2003 年三峡工程蓄水前城陵矶枯水期水位在 20.50～21.25 m，三峡工程蓄水后城陵矶枯水期水位在 20.57～22.05 m，工程建成运行后枯水期水位略有抬升，但水位总体变化不大。从表 2.3 和图 2.7 解译成果分析，水域、泥滩地、草洲和芦苇滩地湿地类型是东洞庭湖湿地的主要类型。三峡工程蓄水后湿地面积略有减少，但影响轻微，其主要湿地类型未发生变化。三峡工程蓄水后，由于湖区来水与来沙条件变化，在蓄水初期（2003～2008 年），泥滩地面积有所降低，水域面积略有所升高。2003 年前东洞庭湖主要湿地类型面积保持在 1 240～1 306 km^2，2003 年三峡工程蓄水后东洞庭湖主要湿地类型面积为 1 130～1 280 km^2。总体上，三峡工程运行前后，东洞庭湖湿地组成格局基本稳定。

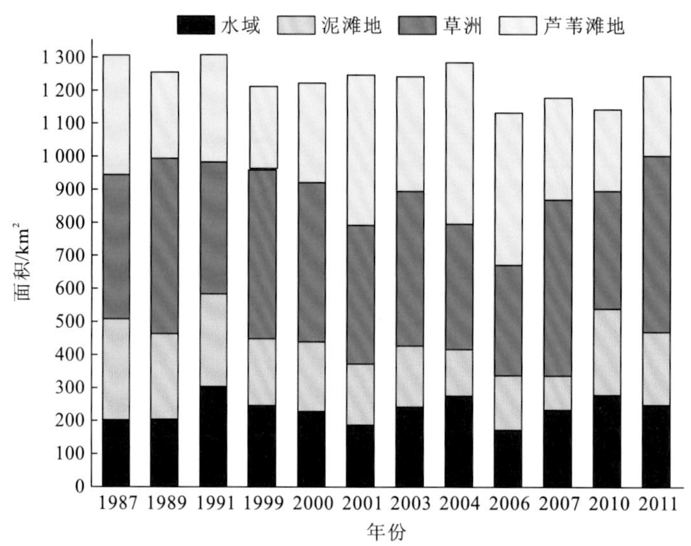

图 2.7　1987～2011 年枯水期东洞庭湖湿地类型年际变化

（2）洞庭湖湿地类型变化。采用 1989 年 2 月 11 日东洞庭湖、1989 年 2 月 10 日西南洞庭湖、1999 年 12 月 14 日东洞庭湖、1999 年 12 月 15 日西南洞庭湖，以及 2008 年 3 月 11 日东洞庭湖、2008 年 2 月 15 日西南洞庭湖的 LandSAT 影像数据，经解译拼接后得到 1989 年、1999 年和 2008 年三个时段洞庭湖的湿地组成数据（图 2.8）。

根据解译结果：1989 年 2 月 11 日（城陵矶水位：20.78 m），洞庭湖水域面积为 575.17 km^2，泥滩地面积为 520.41 km^2，草洲面积为 745.14 km^2，芦苇滩地面积为 103.20 km^2，裸地及其他用地面积为 36.86 km^2，防护林面积为 650.58 km^2；1999 年 12 月 14 日（城陵矶水位：21.90 m），洞庭湖水域面积为 599.31 km^2，泥滩地面积为 343.46 km^2，草洲面积为 847.22 km^2，芦苇滩地面积为 442.24 km^2，裸地及其他用地面积为 269.65 km^2，

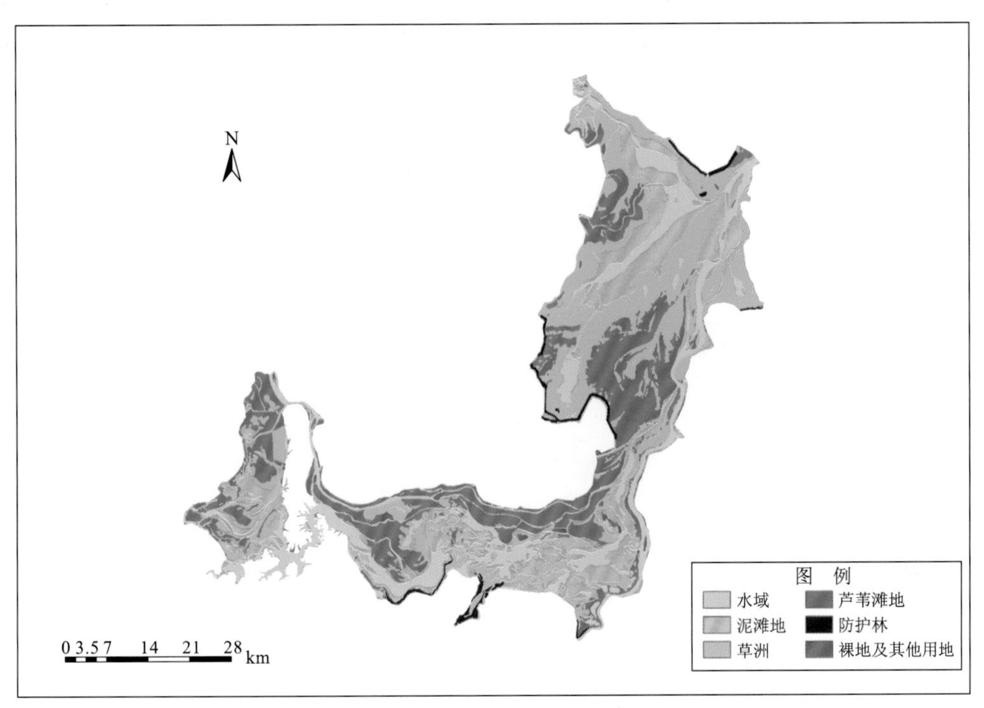

（a）1989年越冬期洞庭湖遥感影像（拼接）解译图

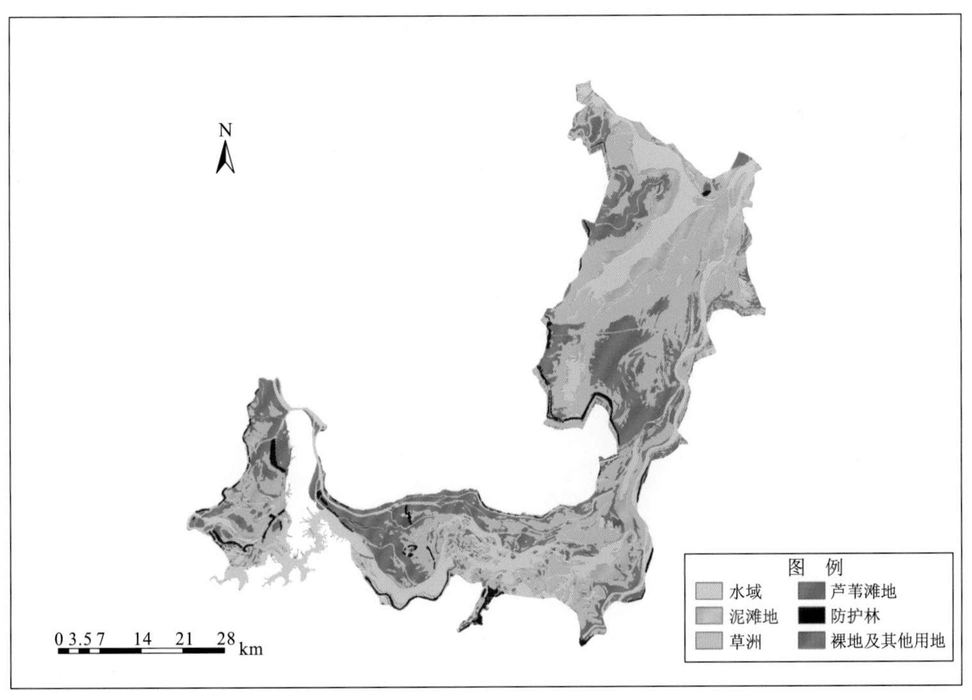

（b）1999年越冬期洞庭湖遥感影像（拼接）解译图

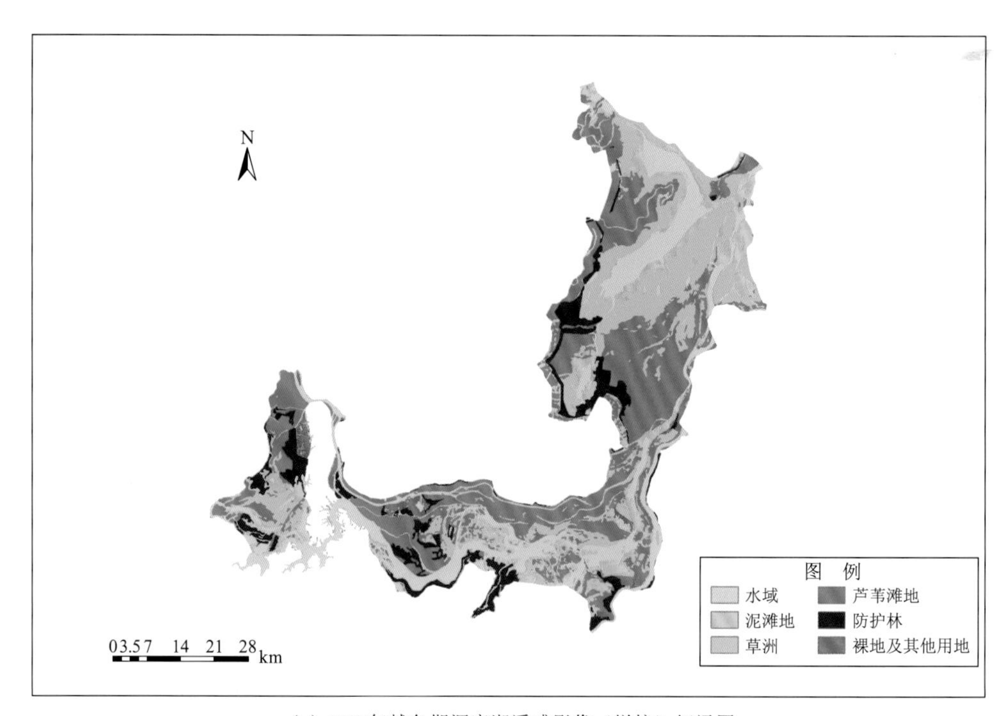

（c）2008年越冬期洞庭湖遥感影像（拼接）解译图

图 2.8 不同时期洞庭湖湿地组成的变化

防护林面积为 129.48 km^2；2008 年 3 月 11 日（城陵矶水位：20.66 m），洞庭湖水域面积为 582.61 km^2，泥滩地面积为 266.70 km^2，草洲面积为 523.35 km^2，芦苇滩地面积为 418.23 km^2，裸地及其他用地面积为 512.01km^2，防护林面积为 328.46 km^2（表 2.4）。

表 2.4 不同时期洞庭湖湿地组成及面积

湿地组成	湿地面积/km^2		
	1989 年	1999 年	2008 年
水域	575.17	599.31	582.61
泥滩地	520.41	343.46	266.70
草洲	745.14	847.22	523.35
芦苇滩地	103.20	442.24	418.23
裸地及其他用地	36.86	269.65	512.01
防护林	650.58	129.48	328.46

相较于 1989 年，2008 年洞庭湖水域面积增加 7.44 km^2，泥滩地面积减少 253.71 km^2，草洲面积减少 221.79 km^2，芦苇滩地面积增加 315.03 km^2，裸地及其他用地面积增加 475.15 km^2，防护林面积减少 322.12 km^2；相较于 1999 年，2008 年洞庭湖水域面积减少 16.70 km^2，泥滩地面积减少 76.76 km^2，草洲面积减少 323.87 km^2，芦苇滩地面积减少

24.01 km^2，裸地及其他用地面积增加 242.36 km^2，防护林面积增加 198.98 km^2（表 2.5）。

表 2.5　不同时期洞庭湖湿地组成面积变化

湿地组成	面积变化/km^2		面积变化占比/%	
	1989～2008	1999～2008	1989～2008	1999～2008
水域	7.44	−16.70	1.29	−2.79
泥滩地	−253.71	−76.76	−48.75	−22.35
草洲	−221.79	−323.87	−29.76	−38.23
芦苇滩地	315.03	−24.01	305.26	−5.43
裸地及其他用地	475.15	242.36	1 289.07	88.88
防护林	−322.12	198.98	−49.51	153.68

从 1989 年、1999 年至 2008 年，洞庭湖区水域面积变化不明显，草洲面积呈现先增加后减少的趋势，芦苇滩地面积总体呈增加趋势，泥滩地面积一直呈减少趋势，可能是由于三峡水库的调节，洞庭湖入湖沙量减少，叠加洞庭湖区采砂影响，洞庭泥沙淤积呈减缓趋势；而洞庭湖区裸地及其他用地面积、防护林面积的变化与近年来城镇建设、植树造林等政策的实施有关，这些政策的实施使得裸地及其他用地面积增加，防护林面积呈波动变化。总体来看，由于三峡水库运行、城镇建设、植树造林等综合因素影响，洞庭湖区湿地组成发生变化。

2）水位变化对东洞庭湖湿地组成的影响

在遥感解译获取不同水位下各湿地类型组成及面积数据后，利用 SPSS16.0 的曲线估计（curve estimation）分析城陵矶枯水期水位变化对东洞庭湖水域面积、泥滩地面积和草洲面积的影响，分析结果表明：

城陵矶水位对水域面积的影响表现为正二次曲线（R^2=0.97，p<0.01）[图 2.9（a）]，随着城陵矶水位升高，东洞庭湖水域面积也不断增加；在城陵矶水位达 35.12 m（1999 年 7 月 25 日）时，长江水位对东洞庭湖具有较强的顶托作用，但湘、资、沅、澧“四水”及区间来水较少（“四水”+区间多年平均径流量占洞庭湖总入湖径流量的 80%），而且 7 月属于芦苇生长季，尽管部分区域被水淹没，但芦苇露出水面，遥感解译时将该区域划分为芦苇地而非水域，因此在水位达到最大值，遥感解译结果显示水域面积并未达到最大值。

城陵矶水位对东洞庭湖泥滩地面积的影响表现为负二次曲线（R^2=0.53，p<0.01）[图 2.9（b）]，随着城陵矶水位的升高，东洞庭湖泥滩地面积以负二次曲线单调递减，在城陵矶水位达到 29 m 以上时，泥滩地基本上全部被水淹没，转化为水域面积。

城陵矶水位对草洲面积的影响表现为负二次曲线（R^2=0.78，p<0.01）[图 2.9（c）]，随着城陵矶水位的升高，东洞庭湖草洲地面积以负二次曲线单调递减，在城陵矶水位达到 29 m 以上时，草洲地基本上全部被水淹没，转化为水域面积。

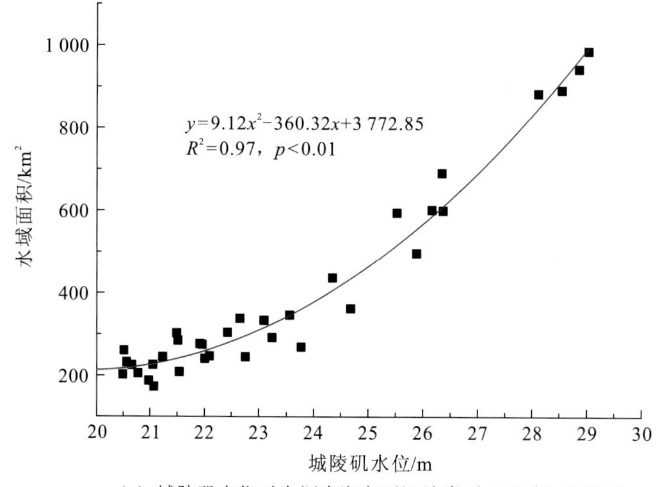

（a）城陵矶水位对东洞庭湖主要湿地类型（水域）的影响

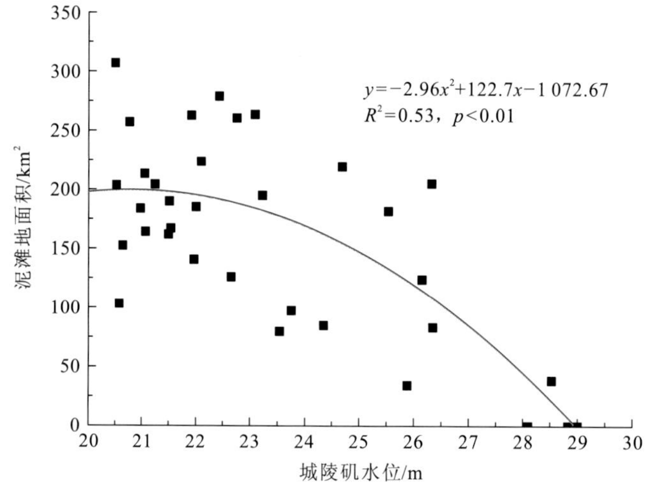

（b）城陵矶水位对东洞庭湖主要湿地类型（泥滩地）的影响

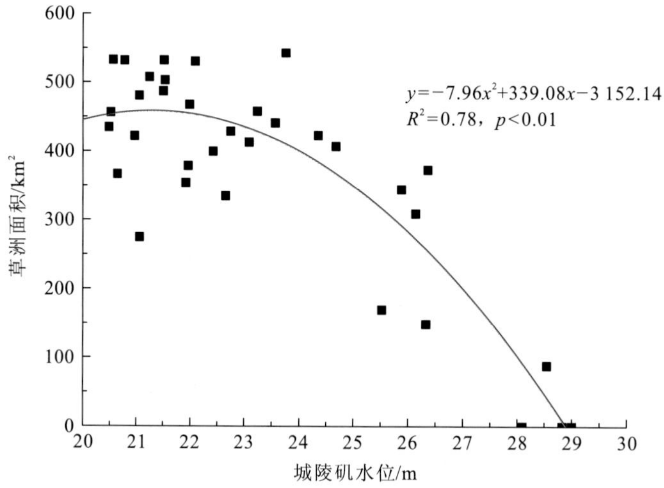

（c）城陵矶水位对东洞庭湖主要湿地类型（草洲）的影响

图 2.9　城陵矶水位对东洞庭湖主要湿地类型的影响

3）水位变化对西南洞庭湖湿地组成的影响

在遥感解译获取不同水位下各湿地类型组成及面积数据后，利用 SPSS16.0 的曲线估计分析城陵矶枯水期水位变化对西南洞庭湖水域面积、泥滩地面积和草洲面积的影响，分析结果表明：

城陵矶水位对西南洞庭湖水域面积的影响表现为正二次曲线（R^2=0.88，$p < 0.01$）［图 2.10（a）］，随着城陵矶水位升高，西南洞庭湖水域面积也不断增加。

城陵矶水位对西南洞庭湖泥滩地面积的影响表现为非显著的负二次曲线（R^2=0.47，p>0.05）［图 2.10（b）］，随着城陵矶水位的升高，西南洞庭湖泥滩地面积以常数为−5.57 的幂函数递减，在城陵矶水位达到一定数值以后，泥滩地基本上全部被水淹没，转化为水域面积。

城陵矶水位对草洲面积的影响表现为幂函数（R^2=0.34，p>0.05）［图 2.10（c）］，随着城陵矶水位的升高，西南洞庭湖草洲地面积以负二次曲线先增加后减少，在城陵矶水位达到一定数值，草洲地基本上全部被水淹没，转化为水域面积。

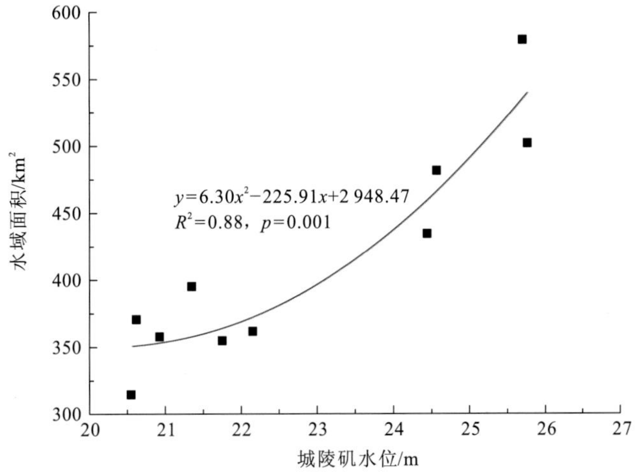

（a）城陵矶水位对西南洞庭湖主要湿地类型（水域）的影响

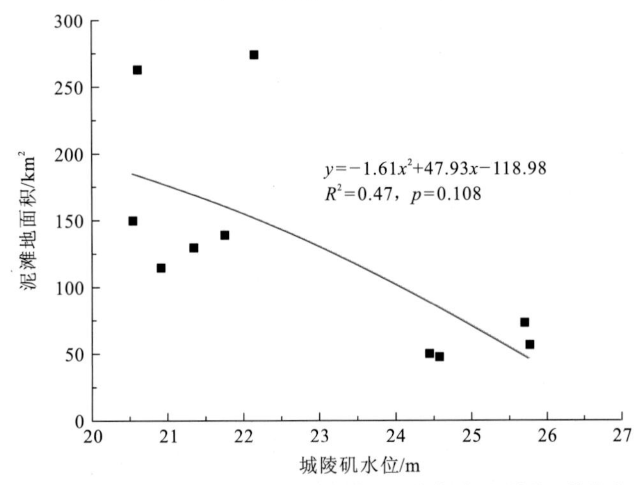

（b）城陵矶水位对西南洞庭湖主要湿地类型（泥滩地）的影响

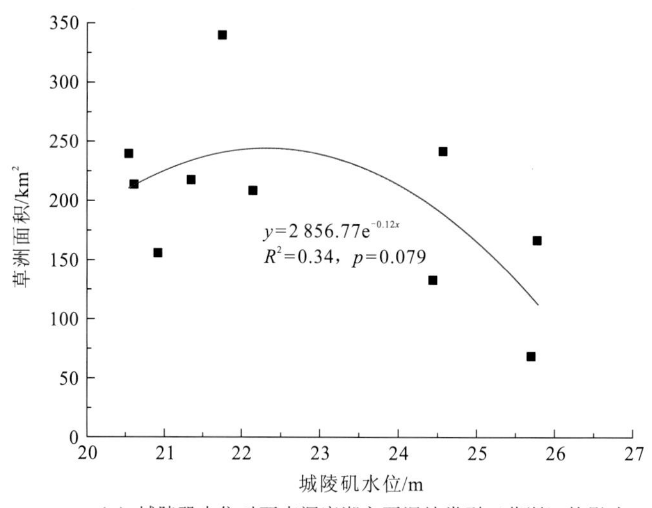

（c）城陵矶水位对西南洞庭湖主要湿地类型（草洲）的影响

图 2.10　城陵矶水位对西南洞庭湖主要湿地类型的影响

4）水位变化对洞庭湖湿地组成的响应关系

城陵矶在高水位时对洞庭湖区具有较强的顶托作用，在低水位时则对湖区水位有明显的拉动作用。三峡水库运行后，城陵矶枯水期 10 月份水位有显著下降趋势，直接影响洞庭湖湿地水域、泥滩地和草洲的面积，总体上对东洞庭湖区影响最大，对南洞庭湖东部和西洞庭湖北部次之，对南洞庭湖西部和西洞庭湖南部影响最小。芦苇和防护林主要受人为种植的影响，受城陵矶水位变化影响较小。根据洞庭湖湿地遥感解译成果及其与城陵矶水位关系的分析，洞庭湖湿地水域、泥滩地和草洲可用城陵矶水位的函数来估算和预测（表 2.6）。

表 2.6　城陵矶水位与洞庭湖湿地组成的响应关系

东洞庭湖		西南洞庭湖	
湿地组分	与城陵矶水位的函数关系	湿地组分	与城陵矶水位的函数关系
水域	$y=9.12x^2-360.32x+3\ 772.85$	水域	$y=6.30x^2-255.91x+2\ 948.47$
泥滩地	$y=-2.96x^2+122.70x-1\ 072.67$	泥滩地	$y=-1.61x^2+47.93x-118.98$
草洲	$y=-7.96x^2+339.08x-3\ 152.14$	草洲	$y=2\ 856.77e^{-0.12x}$

注：表格中 x 为城陵矶水位，吴淞高程，m；y 为各湿地组分的面积，km²。

根据城陵矶历史水位数据，当出现典型平水年（1989 年）和典型枯水年（2005 年）时，预测洞庭湖的湿地面积变化如图 2.11 所示。

从图中可以看出，9～12 月，洞庭湖水域面积典型平水年总体上大于典型枯水年；但出露的泥滩地和草洲面积，则是典型枯水年占优。

根据城陵矶水位和东洞庭湖湿地组分的响应关系，在三峡水库未运行前（2003 年前），城陵矶水位在水文频率 $P=90\%$（20.69 m）、$P=95\%$（19.49 m）和 $P=98\%$（18.21 m）

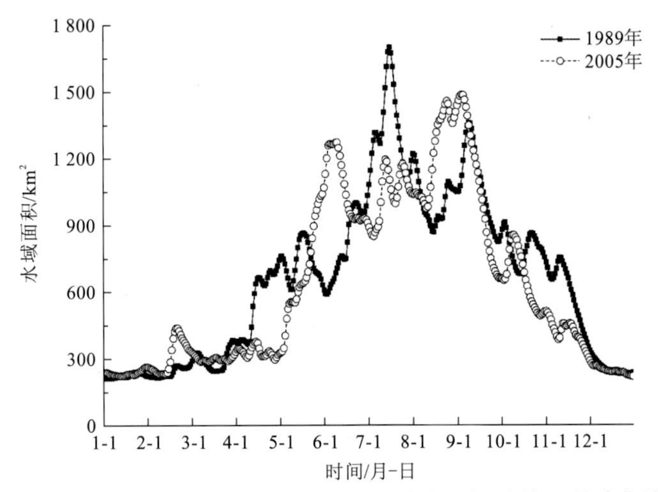

（a）典型平水年（1989年）和枯水年（2005年）洞庭湖湿地（水域）面积变化预测示意图

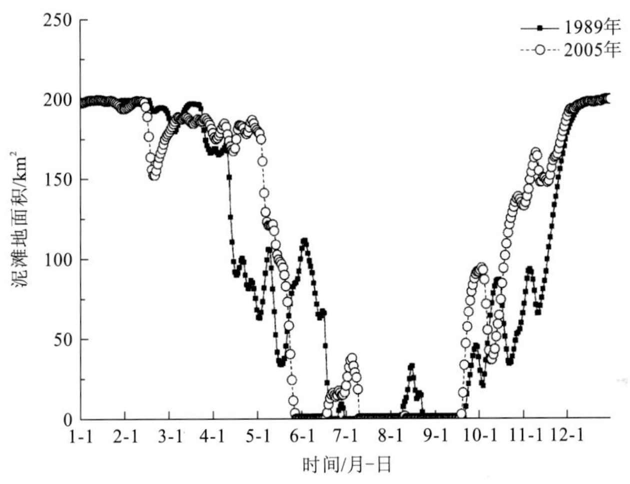

（b）典型平水年（1989年）和枯水年（2005年）洞庭湖湿地（泥滩地）面积变化预测示意图

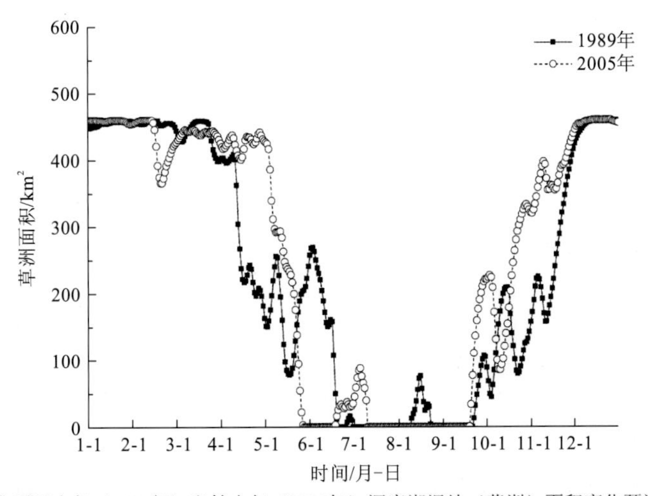

（c）典型平水年（1989年）和枯水年（2005年）洞庭湖湿地（草洲）面积变化预测示意图

图 2.11　典型平水年和枯水年洞庭湖湿地面积变化预测

时对应的湿地水域面积分别为 235.65km^2、214.54 km^2 和 221.88 km^2，对应的泥滩地面积分别为 180.15 km^2、194.37 km^2 和 198.89 km^2，对应的草洲面积分别为 382.94 km^2、432.84 km^2 和 455.94 km^2。为最大限度维护洞庭湖区湿地生态系统的稳定性，三峡水库调运过程中应保障枯水期城陵矶的水位不低于 19.49 m。

2. 对湿地水鸟的影响

东洞庭湖作为洞庭湖的主体部分，是洞庭湖湖泊群落中最大、保存最完好的天然季节性湖泊（钟福生，2007），形成了多样、稳定的湿地资源类型，为鹤类、鹭类、鹳类、鸭类、鹬类等越冬水鸟提供了重要的觅食和栖息场所，是数以万计迁徙水鸟的理想越冬地和停歇地。根据城陵矶历史水位数据，并利用 2006～2016 年（每年 1 月份）东洞庭湖区水鸟监测数据，分析不同水位对东洞庭湖水鸟群落结构及多样性变化等的影响，最后利用 1989 年、1999 年、2008 年三个时段水鸟监测成果，分析三峡水利枢纽运行前后东洞庭湖水鸟种类及数量的变化情况。

1）东洞庭湖物种组成

2006～2016 年（每年 1 月）采用固定样点法，分别在采桑湖、华容县、春风湖、白湖、丁字堤、红旗湖等地对东洞庭湖越冬水鸟进行了调查。在调查过程中，借助望远镜采用直接计数法记录固定范围内所观察到的水鸟种类和数量及其栖息环境。

2006～2016 年越冬期东洞庭湖共记录到水鸟 80 种，隶属 9 目 16 科 35 属。雁形目的鸭科种类最多，为 26 种（占 32.5%）；其次为鸻形目的鹬科，为 12 种（占 15%）。优势种为豆雁、小白额雁、罗纹鸭、黑腹滨鹬和绿翅鸭。根据 2021 年国家林业和草原局、农业农村部联合发布的《国家重点保护野生动物名录》：东洞庭湖分布有 6 种国家一级重点保护水鸟，分别是白鹤、白头鹤、白枕鹤、黑鹳、东方白鹳、卷羽鹈鹕；9 种国家二级重点保护水鸟，分别是灰鹤、鸿雁、白额雁、小白额雁、红胸黑雁、小天鹅、大杓鹬、白腰杓鹬、白琵鹭。

2）东洞庭湖水鸟种类与数量的年际变化

2006～2016 年（每年 1 月）：从种类上来看，2011 和 2013 年东洞庭湖水鸟物种数（51 种）最多，其次为 2010 年越冬期（50 种），2008 年越冬期最少（33 种）；从数量上来看，2011 年东洞庭湖水鸟数量（14.07 万只）最多，2016 年越冬期（11.21 万只）次之，2007 年越冬期（3.69 万只）最少（见图 2.12）。

对水鸟种类和数量变化趋势的 Mann-Kendall 算法分析表明，2006～2016 年越冬期东洞庭湖水鸟种类变化不显著（整体趋势变化速率 $s=0.75$，趋势显著性水平 $p=0.21$），水鸟数量呈显著上升趋势（$s=0.48$，$p=0.04$）。

3）东洞庭湖水鸟多样性的年际变化

选取香农-维纳（Shannon-Wiener's）多样性指数、辛普森（Simpson's）多样性指数和皮洛（Pielou）均匀度指数作为物种多样性指标，分析 2006～2016 年越冬期东洞庭湖水

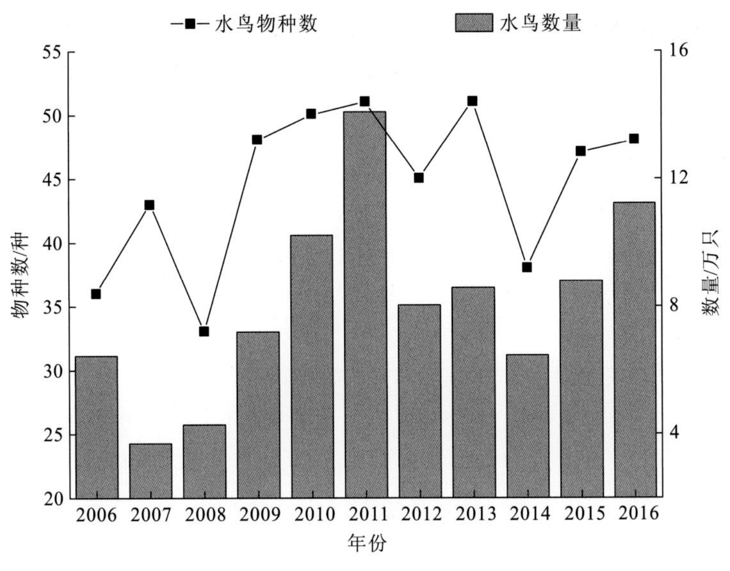

图 2.12　2006～2016 年越冬期东洞庭湖水鸟种类及数量变化

鸟群落物种多样性变化。研究结果表明，东洞庭湖水鸟的 Shannon-Wiener 多样性指数在 2.5 附近微弱地波动（H=2.50±0.23），最大值为 2.73，出现在 2013 年；最小值为 2.31，出现在 2015 年。Simpson 多样性指数的最大阈值是 1，东洞庭湖水鸟的 Simpson 多样性指数很高并且几乎保持 0.9 不变。Pielou 均匀度指数变化幅度较小（J=0.66±0.07），最大值为 0.7，出现在 2006 和 2008 年；最小值为 0.59，出现在 2010 年。总体上，东洞庭湖水鸟的 Shannon-Wiener 多样性指数、Simpson 多样性指数和 Pielou 均匀度指数变化曲线是一致的，呈现出先增加、后减少、再增加、再减少的变化趋势（图 2.13）。

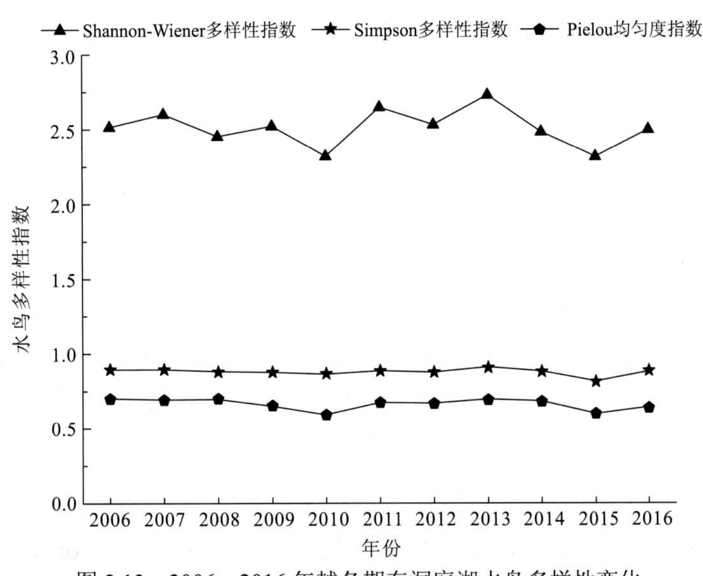

图 2.13　2006～2016 年越冬期东洞庭湖水鸟多样性变化

4）东洞庭湖不同食性水鸟的年际变化

按照不同的食性，将东洞庭湖水鸟被分为 5 类，分别为：捕食鱼类的水鸟、捕食无脊椎动物的水鸟、取食薹草的水鸟、取食种子的水鸟和取食块茎的水鸟（向泓宇，2016）。

根据 2006～2016 年越冬期东洞庭湖水鸟监测数据：捕食鱼类的水鸟、捕食无脊椎动物的水鸟和取食种子的水鸟在种类上优势明显，占比达到 80%以上；捕食无脊椎动物的水鸟、取食薹草的水鸟和取食种子的水鸟在数量上优势明显，占比达到 86%以上[图 2.14（a）和图 2.14（b）]。

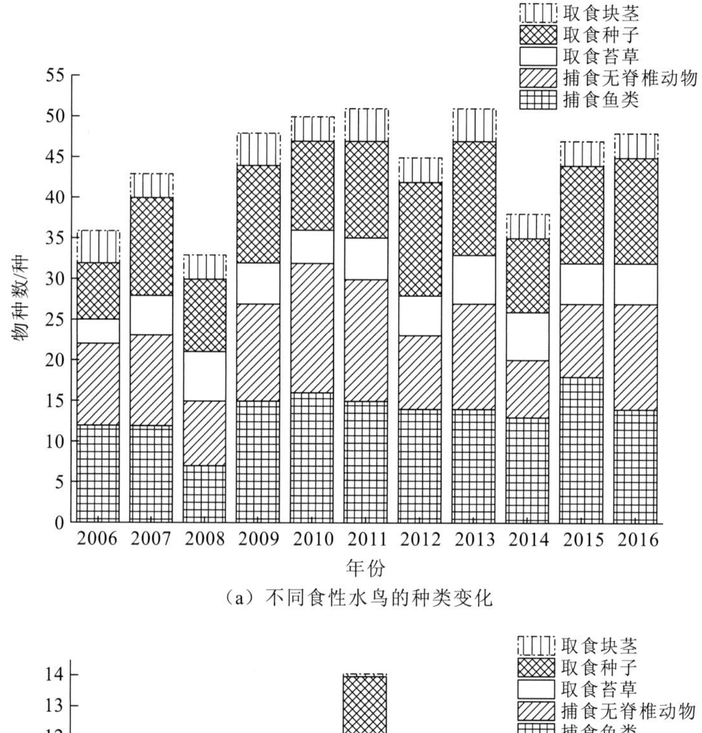

（a）不同食性水鸟的种类变化

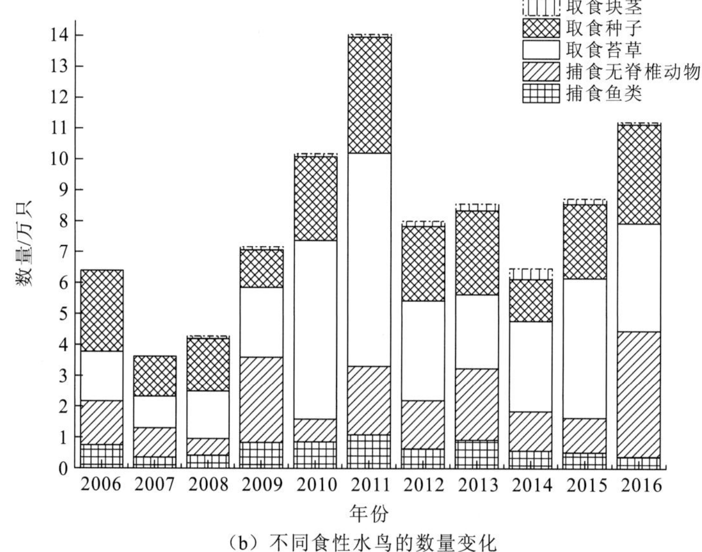

（b）不同食性水鸟的数量变化

图 2.14　2006～2016 年越冬期东洞庭湖不同食性水鸟种类及数量变化

其中，捕食鱼类的水鸟：从种类上来看，2015 年物种数（18 种）最多，2008 年越冬期最少（7 种）；从数量上来看，2011 年数量（1.07 万只）最多，2007 年（0.35 万只）最少。捕食无脊椎动物的水鸟：从种类上来看，2010 年物种数（16 种）最多，2014 年越冬期最少（7 种）；从数量上来看，2016 年数量（4.05 万只）最多，2008 年（0.56 万只）最少。取食薹草的水鸟，从种类上来看，变化不大，在 5 种附近波动；从数量上来看，2011 年数量（6.91 万只）最多，2008 年（1.04 万只）最少。取食种子的水鸟：从种类上来看，2012 年和 2013 年物种数（14 种）最多，2006 年越冬期最少（7 种）；从数量上来看，2011 年数量（3.77 万只）最多，2009 年（1.21 万只）最少。取食块茎的水鸟：从种类上来看，变化不大，物种数为 3 种或者 4 种；从数量上来看，2014 年数量（0.33 万只）最多，2007 年（0.02 万只）最少[图 2.14（a）和图 2.14（b）]。

5）水位变动对东洞庭湖水鸟的影响

（1）水位变动对水鸟种类与数量的影响。对 2006～2016 年的城陵矶水位与东洞庭湖水鸟种类与数量的相关分析表明，水位与水鸟物种数呈不显著正相关[皮尔逊相关系数（Pearson correlation coefficient）r=0.541，显著性水平 p=0.085][图 2.15（a）]，与水鸟数量呈显著正相关（Pearson 相关系数 r=0.667，显著性水平 p=0.025）[图 2.15（b）]。总体来看，城陵矶水位与东洞庭湖水鸟种类数的变化趋势较为一致、与东洞庭湖水鸟数量变化趋势非常一致，即随着水位增加，东洞庭湖水鸟数量表现为增加的趋势。

（2）水位变动对水鸟多样性的影响。对 2006～2016 年城陵矶水位与东洞庭湖水鸟种类与数量的相关分析表明：水位与 Shannon-Wiener 多样性指数呈不显著正相关（Pearson 相关系数 r=0.458，显著性水平 p=0.157）[图 2.16（a）]；水位与 Simpson 多样性指数呈不显著正相关（Pearson 相关系数 r=0.402，显著性水平 p=0.221）[图 2.16（b）]；水位与 Pielou 均匀度指数呈不显著正相关（Pearson 相关系数 r=0.015，显著性水平 p=0.966）[图 2.16（c）]。总体来看，城陵矶水位与 Shannon-Wiener 多样性指数、Simpson 多样性指数、Pielou 均匀度指数变化趋势较为一致。

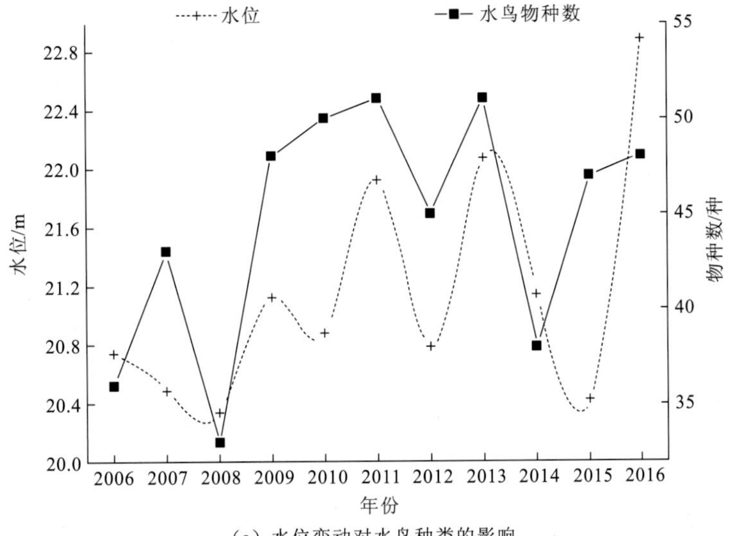

（a）水位变动对水鸟种类的影响

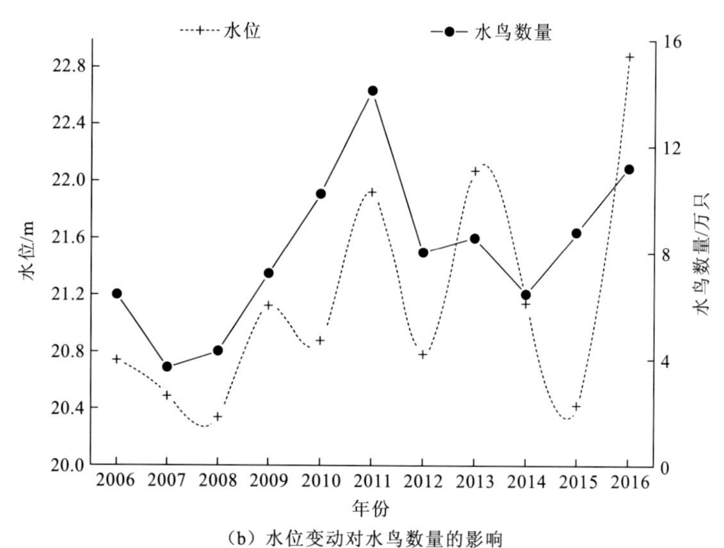

（b）水位变动对水鸟数量的影响

图 2.15　水位变动对东洞庭湖水鸟种类及数量的影响

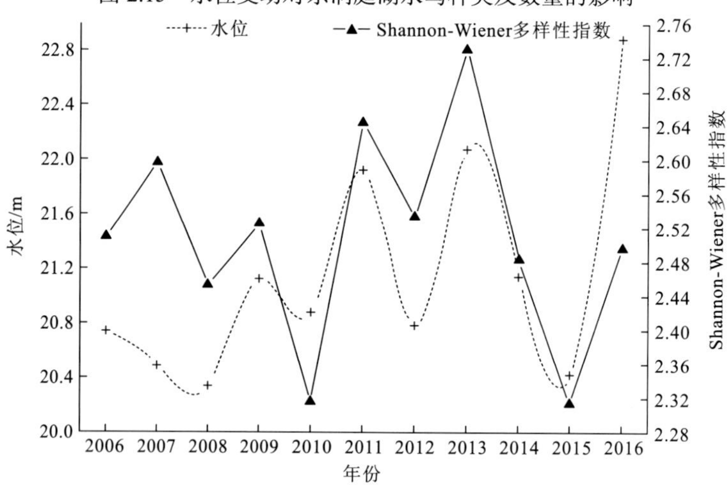

（a）水位变动对Shannon-Wiener多样性指数的影响

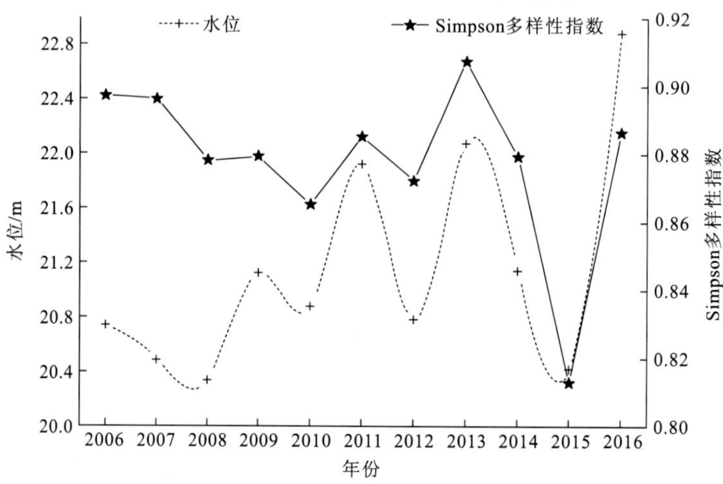

（b）水位变动对Simpson多样性指数的影响

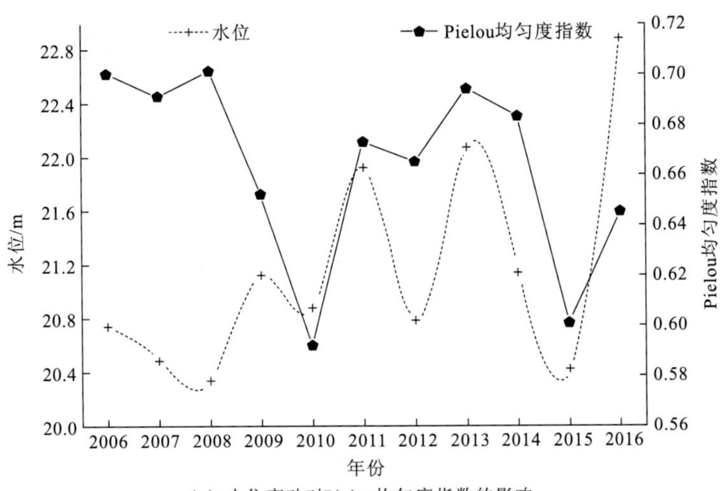

（c）水位变动对Pielou均匀度指数的影响

图 2.16　水位变动对东洞庭湖水鸟多样性的影响

（3）水位变动对不同食性水鸟的影响。对 2006～2016 年的城陵矶水位与东洞庭湖不同食性水鸟物种数的相关分析表明：水位与捕食鱼类水鸟的物种数呈不显著正相关（Pearson 相关系数 $r=0.229$，显著性水平 $p=0.498$）；水位与捕食无脊椎动物水鸟的物种数呈不显著正相关（Pearson 相关系数 $r=0.520$，显著性水平 $p=0.101$）；水位与取食薹草水鸟的物种数呈不显著正相关（Pearson 相关系数 $r=0.166$，显著性水平 $p=0.626$）；水位与取食种子水鸟的物种数呈不显著正相关（Pearson 相关系数 $r=0.435$，显著性水平 $p=0.181$）；水位与取食块茎水鸟的物种数呈不显著正相关（Pearson 相关系数 $r=0.297$，显著性水平 $p=0.375$）（表 2.7）。

表 2.7　水位变动与东洞庭湖不同食性水鸟物种数的相关性分析

相关性参数	捕食鱼类	捕食无脊椎动物	取食薹草	取食种子	取食块茎
Pearson 相关系数	0.229	0.520	0.166	0.435	0.297
显著性水平	0.498	0.101	0.626	0.181	0.375

对 2006～2016 年的城陵矶水位与东洞庭湖水鸟种类与数量的相关分析表明：水位与捕食鱼类水鸟的数量呈不显著正相关（Pearson 相关系数 $r=0.291$，显著性水平 $p=0.385$）；水位与捕食无脊椎动物水鸟的数量呈极显著正相关（Pearson 相关系数 $r=0.879$，显著性水平 $p=0.000$）；水位与取食薹草水鸟的数量呈不显著正相关（Pearson 相关系数 $r=0.298$，显著性水平 $p=0.374$）；水位与取食种子水鸟的数量呈不显著正相关（Pearson 相关系数 $r=0.581$，显著性水平 $p=0.061$）；水位与取食块茎水鸟的数量呈不显著正相关（Pearson 相关系数 $r=0.044$，显著性水平 $p=0.899$）（表 2.8）。

表 2.8　水位变动与东洞庭湖不同食性水鸟数量的相关性分析

相关性参数	捕食鱼类	捕食无脊椎动物	取食薹草	取食种子	取食块茎
Pearson 相关系数	0.291	0.879	0.298	0.581	0.044
显著性水平	0.385	0.000*	0.374	0.061	0.899

注：*表示显著性。

6）运行后洞庭湖湿地生境与水鸟响应关系

2003 年三峡工程初期蓄水运行后，洞庭湖入湖沙量减少，洞庭湖区水域面积变化不明显，泥滩地面积呈减少趋势，草洲面积呈现先增加后减少的趋势，芦苇滩地面积总体呈增加趋势(图 2.17)。洞庭湖区水鸟数量在三峡工程蓄水后的前 5 年内低于 2010～2013 年，水鸟的种类组成略有降低，但不明显。水鸟种群数量与种类的变化与其适宜生境变化密切相关，三峡工程蓄水后适宜于越冬期水鸟的泥滩地、草洲的分布面积略有减少，相应地三峡蓄水初期为适应生境变化的越冬期水鸟种群数量与物种数呈下降趋势，经过 5 年的生境变化的适应后越冬期水鸟数量与种类逐渐恢复并趋于稳定（图 2.18）。

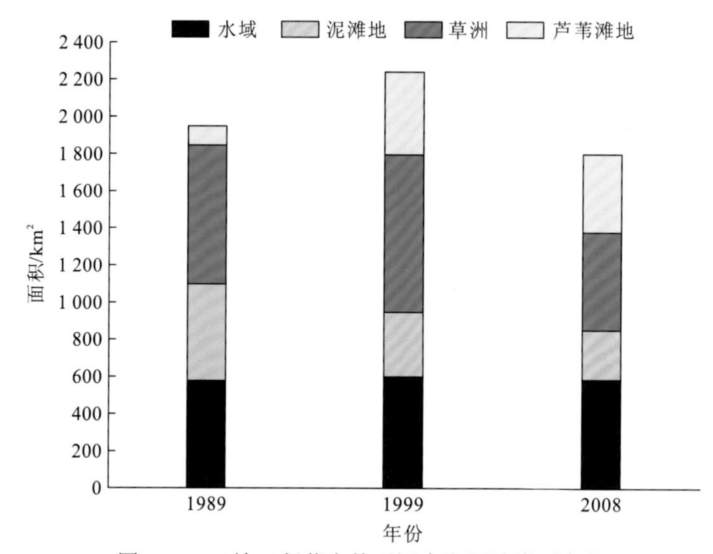

图 2.17　三峡工程蓄水前后洞庭湖湿地类型变化

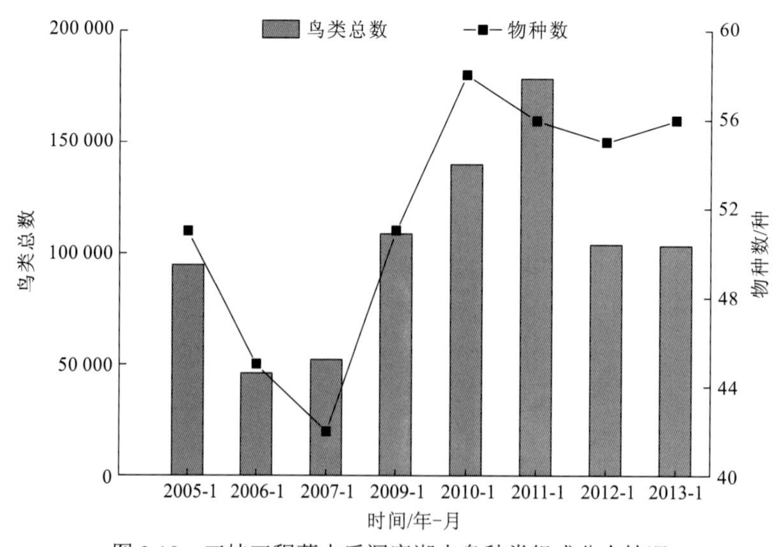

图 2.18　三峡工程蓄水后洞庭湖水鸟种类组成分布情况

三峡工程建成运行后由于来沙条件和来水条件的变化，在蓄水初期（2003～2008年），东洞庭湖泥滩地面积有所降低，水域面积略有升高，但东洞庭湖湿地组成格局基本稳定，湿地生境类型主要为水域、泥滩地、草洲、芦苇滩地 4 种类型，总体湿地分布面积与分布区域无明显变化。由于湿地生境的变化，东洞庭湖区越冬期水鸟数量及种类组成亦表现出初期下降，运行 5 年后水鸟多样性逐渐恢复并趋于稳定（图 2.19）。

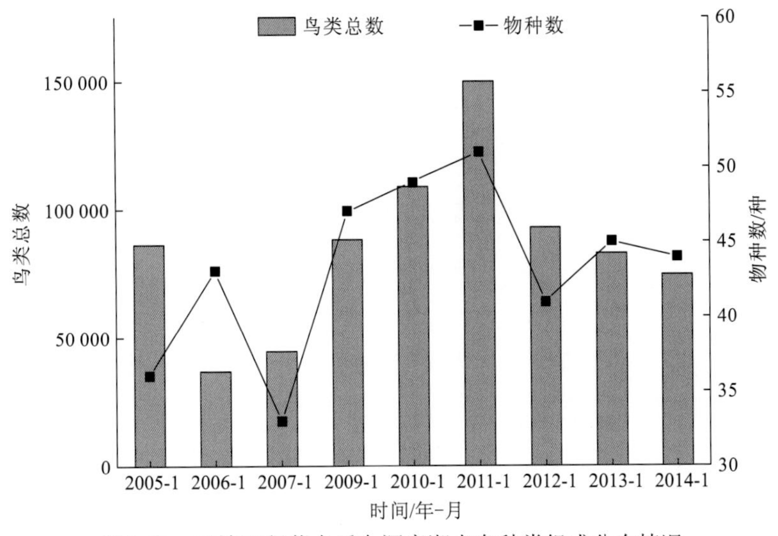

图 2.19　三峡工程蓄水后东洞庭湖水鸟种类组成分布情况

2.2.4　湿地生态保护对策措施

1. 基于洞庭湖湿地水文节律维护的水库调度建议

洞庭湖是一个复杂的生态系统，洞庭湖区人类活动、洞庭湖水系的天然降水量、洞庭湖的纳污量等都会不同程度影响洞庭湖水文情势和水质状况。三峡水库蓄水期使得城陵矶 9 月、10 月水位较天然状态下提前快速下降，对洞庭湖湿地生态带来轻微不利影响。因此，建议通过三峡水库及洞庭湖水系控制性水库的优化调度，控制三峡蓄水引起的洞庭湖水位快速下降，以维持洞庭湖 10 月下旬合适的水位。三峡水库和洞庭湖水系控制性水库联合调节建议如下。

1）三峡水库蓄水时间提前

目前三峡水库于 9 月开始蓄水，10 月或 11 月蓄水完成。越冬珍稀鸟类到达洞庭湖的时间为 10 月底 11 月初，三峡水库蓄水引起城陵矶 10 月水位下降，造成草滩、泥滩地的提前出露，不利于越冬候鸟在洞庭湖的栖息、觅食。如三峡水库的整个蓄水过程提前至 10 月中旬或更早完成，将会减小对洞庭湖越冬候鸟栖息、觅食的影响，有效保护洞庭湖鸟类生物多样性，建议三峡水库调度根据上游来水预测和中下游防汛等要求，尽可能提前蓄水时间。

2）洞庭湖水系控制性水库补水

将洞庭湖水系中的湘、资、沅、澧“四水”上分布的控制性水库纳入洞庭湖生态保护联合调度范畴，与三峡水库联合调度，调控洞庭湖 10 月水位变化，更为有效地维护洞庭湖水鸟生境多样性。

2. 加强洞庭湖保护和管理

洞庭湖枯水时间提前且水位低，腹地大片洲滩裸露干枯，洲滩上人为活动会增大。为减少人为活动对越冬候鸟的影响，建议采取洲滩保护管制措施，限制湖区违规开发、采砂、捕捞、放牧等人为干扰活动。

3. 构建洞庭湖湿地生态系统监测体系

洞庭湖是典型的湖泊生态系统，具有重要的生态价值、经济价值和文化价值，为湖区乃至全国居民的生存发展提供了多项生态系统服务，但洞庭湖又是一个比较敏感的生态系统，对围湖造田、废污水排放等人类活动的干扰能够快速作出响应。建议基于生态系统服务理论评估框架、生态系统服务评估所需参数、文献综述和专家咨询，构建生态系统服务监测指标（包括生态系统最终服务指标和生态特征指标），为洞庭湖生态环境优化管理提供重要依据。

参考文献

长江水利委员会长江科学院, 2011. 三峡工程蓄水运用对长江与洞庭湖、鄱阳湖关系及湖区生态环境影响初步研究[R]. 武汉: 长江水利委员会长江科学院.

长江水资源保护科学研究所, 2009. 湖南省洞庭湖区围堤湖等 10 个蓄洪垸堤防加固工程环境影响总报告[R]. 武汉: 长江水资源保护科学研究所.

桂红华, 张文杰, 邹冰玉, 等, 2014. 三峡水库调度对下游洪水位的影响分析[J]. 电力勘测设计, 2: 25-28.

国家林业和草原局, 农业农村部, 2021. 国家重点保护野生动物名录[R]. 北京: 国家林业和草原局.

国家林业局中南林业调查规划设计院, 2018. 湖南南洞庭湖省级自然保护区总体规划(2018—2027年)[R]. 益阳: 益阳市林业局.

湖南省生态环境厅, 2021. 2020 年湖南省生态环境状况公报[R]. 长沙: 湖南省生态环境厅.

李景保, 周永强, 欧朝敏, 等, 2013. 洞庭湖与长江水体交换能力演变及对三峡水库运行的响应[J]. 地理学报, 68(1): 108-117.

欧德才, 2020. 三峡工程运行后洞庭湖水文、水质变化研究[J]. 湖南水利水电, 4: 64-65, 72.

史璇, 肖伟华, 王勇, 等, 2012. 近 50 年洞庭湖水位总体变化特征及成因分析[J]. 南水北调与水利科技, 10(5): 18-22.

水电水利规划设计总院, 长江水资源保护科学研究所, 2010. 三峡工程后续工作总体规划环境影响报告书[R]. 北京: 水电水利规划设计总院.

孙占东, 黄群, 姜加虎, 等, 2015. 洞庭湖近年干旱与三峡蓄水影响分析[J]. 长江流域资源与环境, 24(2): 251-256.

吴征镒, 1980. 中国植被[M]. 北京:科学出版社.

向泓宇, 2016. 东洞庭湖越冬候鸟与环境因子的相关性研究[D]. 长沙: 湖南大学.

岳阳东洞庭湖自然保护区, 1993. 湖南省岳阳东洞庭湖自然保护区自然资源综合科学考察报告[R]. 岳阳: 湖南东洞庭湖国家级自然保护区管理局.

张细兵, 卢金友, 王敏, 等, 2010. 三峡工程运用后洞庭湖水沙情势变化及其影响初步分析[J]. 长江流域资源与环境, 19(6): 640-643.

中华人民共和国生态环境部, 2018. 长江三峡工程生态与环境监测公报 2018[R]. 北京: 中华人民共和国生态环境部.

中华人民共和国生态环境部, 2021. 2020 中国生态环境状况公报[R/OL]. (2021-05-26)[2021-08-10]. http://www. mee. gov. cn/hjzl/sthjzk/zghjzkgb/202105/P020210526572756184785. pdf.

钟福生, 颜亨梅, 李丽平, 等, 2007. 东洞庭湖湿地鸟类群落结构及其多样性[J]. 生物学杂志, 26(12): 1959-1968.

【第3章】

引江济淮工程湿地生态影响分析

3.1 基 本 特 征

3.1.1 工程特征

引江济淮工程沟通长江、淮河两大流域，穿越长江经济带、合肥经济圈和中原经济区三大区域。引江济淮工程是以城乡供水和发展江淮航运为主，结合农业灌溉补水和改善巢湖及淮河水生态环境等的大型跨流域调水工程。2014 年被列入国务院要求加快推进的 172 项重大水利工程之一。

引江济淮工程供水范围涵盖皖、豫 2 省 15 市 55 个县（市、区），总面积 7.06 万 km^2，规划水平年 2040 年供水人口 5 117 万人。规划设计引江规模 300 m^3/s，入淮规模 280 m^3/s。主体工程输水线路总长 723 km，自南向北划分为引江济巢、江淮沟通、江水北送三段输水及航运线路。工程等别为 I 等，工程规模为大（1）型。2015 年 3 月，引江济淮工程项目建议书获得国务院批准，2016 年 12 月《引江济淮工程可行性研究报告可研报告》获国家发展和改革委员会批复，2017 年 9 月《引江济淮工程安徽段初步设计报告》获水利部与交通运输部联合批复，主体工程此后全面开工建设。引江济淮工程批复建设总工期为 72 个月，要求 2022 年底前主体工程基本建成，2023 年开展航运、供水等工程联调联试，确保输水通道全线贯通。

引江济淮工程是综合性战略水资源配置工程。引江济巢段采用西兆河+菜子湖双线引江方案，因而菜子湖是双线引江布局的主力线路，承担 60%的总引江水量和 85%以上的自流引江任务，是重要引江口门和巢湖第二通江航道，对保障工程安全运行和维护工程效益意义重大。引江济淮工程运行后，规划水平年 2030、2040 年菜子湖候鸟越冬期水位分别按 7.5 和 8.1 m 控制（1985 年国家高程），较工程运行前水位有一定抬升，一定程度上将影响越冬候鸟适宜生境（泥滩地和草本沼泽）的出露，并对越冬候鸟的栖息环境和食物可及性产生一定影响。

3.1.2 自然概况

1. 水系概况

菜子湖流域总面积 3 234 km^2，由大沙河、挂车河、龙眠河、孔城河四大水系及菜子湖湖区周边水系组成，四条河流来水经湖区调蓄后由长河水道汇入长江。四条河流集水面积共 2 617 km^2，其中以大沙河流域面积最大，为 1 396 km^2，占菜子湖流域总面积的 43.2%。菜子湖原与长江天然连通，1959 年建成枞阳闸后演变为水库型湖泊。建闸前，菜子湖水位涨落与长江水位基本一致；建闸后，流域来水排泄入江和控制江水倒灌由枞阳闸控制。菜子湖周边供水任务轻、防汛任务重，菜子湖水位实际调度过程中非汛期基本上不需要维持高水位来增加蓄水量。根据菜子湖枞阳闸控制运用办法，汛期蓄水位分月控制：6 月为 8.6～9.1 m（1985 年国家高程，下同）；7、8 月为 9.1～9.6 m；干旱年份抗旱需要湖泊蓄水位控制在 10.6 m 以内。

2. 水文特征

20 世纪 50 年代末，菜子湖总面积为 300 km^2。由于沿湖周围垦，现湖泊水面面积为 242.9 km^2（相应水位 15.1 m），总容积为 16.1 亿 m^3。水位人为调控过程维持了菜子湖丰水期水位上涨，枯水期滩涂出露的湿地变化节律。湖区水位在 7、8 月最高，9 月开始逐渐下降，3 月逐渐上升。根据菜子湖湖区车富岭水位站（地理位置：117° 6′53″E，30° 50′0.6″N）多年水位观测数据，建闸后菜子湖历年最高水位为 15.37 m，最低水位为 5.89 m。菜子湖水位-面积-湖容曲线见图 3.1。

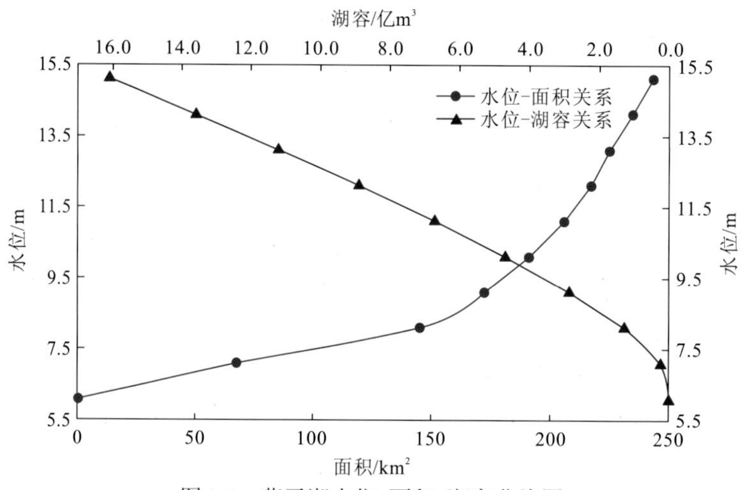

图 3.1　菜子湖水位-面积-湖容曲线图

3. 地质地貌

菜子湖地质属于扬子古生代褶皱带，地层岩性主要为花岗岩、闪长岩。自有测震记录以来，流域内最大地震为 4.5 级，相应地震基本烈度为 7 度。菜子湖属于长江流域的冲积平原，海拔自西北向东南倾斜；地形按其成因主要为湖滩地、低阶地等；由于支流多，湖岸周围因势利导形成许多大小圩圈，湖泊水网纵横交织中有山丘点缀。

4. 气候

菜子湖属亚热带湿润季风气候，具有季风明显、四季分明、气候温和湿润、雨量适中、光照充足、无霜期长、严寒期短的气候特征。多年平均气温 16.5℃，最热月为 7 月，月平均气温为 28.8℃，最冷月为 1 月，月平均气温为 3.5℃。年平均风速 3.1 m/s。区内降水受季风气候的影响较为明显，夏季明显多于冬季。多年平均降雨量为 1 389.1 mm，多年平均蒸发量 1 611.4 mm，多年平均降雨天数 139.1 d，多年平均降雪天数 12.8 d，日照百分率 46%。

5. 土壤

菜子湖流域内土壤主要为红壤、黄棕壤、水稻土、潮土 4 种土类。其中，红壤、黄棕壤淋溶程度较强，有机质含量低，土壤偏酸性，肥力较低，含沙量高，质地疏松，侵蚀严重。菜子湖湿地表土层普遍是上游干支流的冲积土，或称第四纪沉积层，多为壤土或砂壤土，黏粒含量高，又经过长期耕作，腐殖质增多，成为十分肥沃、适宜于农作物生长的土层；表层以下厚 4～5 m 处土层，黏粒含量适度，为适宜耕作的土壤，适宜种植稻、麦、棉和油料作物；其下 15～20 m 为含黏粒少的粉细沙或细沙，透水性增大；再下为深厚的粗砂或砂砾层，属于强透水层。

3.1.3　生态环境

1. 湿地特征

菜子湖包括嬉子湖、白兔湖和菜子湖（子湖）3 个子湖，总面积为 24 429.7 hm^2。菜子湖湿地生境包括：水域、泥滩地、草本沼泽、水稻田。菜子湖丰水期水位上涨、枯水期（冬候鸟越冬期）滩涂出露的湿地变化节律受人为调控过程的影响较大。菜子湖枯水期湿地出露与湖泊水位密切相关，每年 9 月至次年 1 月菜子湖水位逐渐下降，出露的泥滩地和浅水沼泽面积逐渐增大；次年 3 月菜子湖水位逐渐上升，泥滩地和浅水沼泽面积逐渐减小，湖泊水域面积逐渐增加。

2. 湿地植物

1）种类组成

组成菜子湖湿地植物群落的植物主要包括：肉根毛茛等湿生植物；菰、芦苇、香蒲、莲、荆三棱、荸荠、菖蒲等挺水植物；荇菜、菱、满江红、水鳖等浮水植物；聚草（穗状狐尾藻）、苦草、菹草、金鱼藻、黑藻、竹叶眼子菜等沉水植物。

20 世纪 60 年代前，菜子湖保持着较为原始的湿地生态环境，湖泊周围生长着大面积的菰和芦苇群丛等挺水植物群落，沉水植物种类多、分布均匀，但并不占优势。20 世纪 80 年代后，沉水植物迎来丰盛时期，到 20 世纪 90 年代菜子湖已形成以草型生态系统为主、生态系统较稳定的清水湖泊。2000 年以后，由于受到人类水产养殖干扰，菜子湖由草型生态系统向藻型生态系统过渡，水生植物生物量和植被盖度大幅下降，浮游生物特别是浮游植物含量增加（朱文中和周立志，2010）。

根据生活型的不同，菜子湖水系湿地植物可分为湿生植物、挺水植物、浮水植物（包括根生浮叶植物和漂浮植物）和沉水植物 4 类，其中：湿生植物主要分布于湖滩区域，禾本科（45 种）、莎草科（31 种）、蓼科（21 种）和菊科（37 种）是构成滩涂湿生植物群落的主要成分，以陌上菅、肉根毛茛、虉草、朝天委陵菜为优势种；挺水植物共 8 科

13 属 19 种，分布面积较广，菰和芦苇是构成挺水植物群落的优势种；根生浮叶植物中菱科植物和睡莲科植物是构成根生浮叶植物群落的优势种，满江红、浮萍、槐叶苹是构成漂浮植物群落的优势种，菜子湖分布较少；沉水植物 5 科 6 属 11 种，黑藻、金鱼藻、穗状狐尾藻、苦草、竹叶眼子菜是构成沉水植物群落的优势种（长江水资源保护科学研究所，2016）。

2）湿地植被群落类型及分布

2005 年以前，菜子湖生态系统比较完整，植被丰富，盖度达到 80%以上。2007 年后逐渐进入强围网养殖阶段，水生植被逐渐破坏，盖度达到 50%左右。2009 年整个湖区植被盖度不足 3%。而现阶段，水生植被几乎消失。近 20 年菜子湖水生植被演替可划分为 5 个阶段：①沉水植物群落阶段（1999～2004 年）。该阶段生态系统以草型为主，群落类型以苦草单优群丛及黑藻共优群丛为主，群丛内散生竹叶眼子菜、小茨藻、菹草、狐尾藻、金鱼藻等。②浮水植物群落阶段（2005～2007 年）。自 2004 年菜子湖实行承包制进行大量的水产养殖后，整个湖区被围网和圩堤分割成很多小块。由于养殖螃蟹及草食性鱼类，沉水植物大量减少，群落类型以菱角单优群丛及荇菜共优群丛为主，群丛内散生竹叶眼子菜、狐尾藻、金鱼藻、黑藻等。③少量的沉水植物群落阶段（2008～2009 年）。该阶段主要为竹叶眼子菜。④草型向藻型湖泊生态系统过渡阶段（2010～2016 年）。水生植物生物量大幅下降，植被盖度不到 3%。⑤水生植被恢复阶段（2017～至今）。围网养殖取缔，“绿盾 2017”和“绿盾 2018”自然保护区专项督查及中央环境保护督查强制拆除了菜子湖湖区内的所有养殖措施。

菜子湖湿地植被包括陌上菅群丛、朝天委陵菜群丛、肉根毛茛群丛、虉草群丛、狗牙根群丛、红蓼+酸模叶蓼群丛；挺水植被包括芦苇群丛、菰群丛等湿生植被，菱群丛、荇菜群丛；漂浮植被包括浮萍和水鳖群丛等浮叶植被，竹叶眼子菜群丛、穗状狐尾藻群丛、黑藻群丛、金鱼藻群丛等沉水植被。其中，肉根毛茛群丛、陌上菅群丛、朝天委陵菜群丛在菜子湖各处湖滩均有分布，沿水位高程从低到高呈带状分布（长江水资源保护科学研究所，2016）。

3）主要湿地植被分布格局特征

受水深的空间分布格局及水位的季节性变化规律影响，菜子湖湿地植被分布格局为：中部水深较深的区域，以竹叶眼子菜群丛、黑藻群丛等沉水植物群落和细果野菱群丛等根生浮叶植物群落为主；靠近岸边浅水区以菰群丛、红蓼+酸模叶蓼群丛等挺水植物群落和荇菜群丛等根生浮叶植物群落为主；湖滩以陌上菅群丛、朝天委陵菜群丛、肉根毛茛群丛和虉草群丛为优势的湿生植物群落为主。肉根毛茛（靠近水体）、陌上菅（介于肉根毛茛和朝天委陵菜之间）、朝天委陵菜（靠近岸边）沿高程梯度从低到高呈带状分布。虉草在菜子湖的北部、中部的浅水区和滩涂都有大量分布（高攀 等，2011）。

受地形高程影响，白兔湖、菜子湖（子湖）、嬉子湖的植被类型也表现出一定的空间分异特征。陌上菅是菜子湖（子湖）湿生植物的优势群落，南部沿岸浅水区为菱等浮叶植物的集中分布区，水稻等人工植被集中分布于菜子湖（子湖）东南和西南两侧的燕窝山、合意村、柳庄等地；嬉子湖区北端浅水区为菱和芦苇群丛的分布区，南部与菜子湖（子湖）交界处分布有芦苇和菰群丛，水稻等人工植被集中于南部幸福村和西部的许嘴村；陌上菅群丛、肉根毛茛群丛、虉草群丛、芦苇群丛、菰群丛、黑藻群丛是构成白兔湖的主要植物群落，其中虉草在白兔湖北部、中部的浅水区和滩涂都有大量分布。

（1）浅水区植被分布特征。浅水区指水深不超过 0.5 m 的区域，浅水区域土壤表层潮湿松软，浅水能抑制旱生植被的生长，该区域水生动物和植物等食物资源比较丰富，是大型涉禽和中小型游禽觅食的重要空间。构成该区域的物种主要包括挺水植物和根生浮叶植物，全湖都有零星分布的主要包括菰、红蓼、酸模叶蓼、荇菜等。其中菰群丛主要分布在梅花团结大圩南部、大王庙北部等区域，是菜子湖分布较广的挺水植物群落。该群落优势种为菰，常见伴生种为菱、荇菜等。红蓼+酸模叶蓼群丛主要分布在白兔湖区北部以及老屋里—大王庙一带，该群落优势种为红蓼和酸模叶蓼，伴生种主要是荇菜、黑藻等。荇菜群丛主要分布在梅花团结大圩东湖岸附近、娘庙西南湖区和车富村以南湖区，该群落优势种为荇菜，伴生种主要是菱、穗状狐尾藻、黑藻等。

（2）草本沼泽植被分布特征。草本沼泽是游禽和涉禽的主要栖息地和觅食地之一。构成该区域的植被主要为肉根毛茛灌草丛、陌上菅灌草丛和朝天委陵菜灌草丛，沿湖岸高程由低到高呈带状分布，其中陌上菅灌草丛为全湖草滩的优势群落。狗牙根灌草丛在该区域分布面积也较大，主要分布在圩埂以及稻田周边。

（3）泥滩地植被分布特征。菜子湖泥滩地主要分布在梅花团结大圩和先让村、车富村等区域，主要植物种有肉根毛茛、蓼子草、水田碎米荠等，这几种植物混生于湖岸各泥滩地，植被盖度约 5%～10%，分布较稀疏。

对比 2005 年 9 月至 2009 年 10 月的调查结果，2015 年 10 月至 2017 年 10 月湿地植被的群落类型主要优势种相差不大，浮叶植被的优势种仍是以菱和荇菜为主，但竹叶眼子菜群丛、黑藻群丛、苦草群丛、聚草群丛和金鱼藻群丛已消失殆尽。与上一阶段调查结果相比，菜子湖湿地的沉水植被几乎消失，浮水植被分布区面积锐减，挺水植被分布区面积稍有增加，但仍然非常少（柏晶晶，2019）。

4）湿地植物生长节律

菜子湖丰、枯水期水文节律直接影响了湿地植物生长发育周期，菜子湖丰水期（4～9 月）水位决定了菜子湖湿地生态系统结构，包括动植物种群数量、分布及其生物量，奠定了越冬候鸟食物资源的丰富度。冬候鸟越冬期（11 月至次年 3 月）随着菜子湖水位的逐渐下降，不同类型的湿地植物在不同高程依次有序出露。随着水位的下降，滩地出露，菜子湖大多数多年生植物（如芦苇、薹草和虉草等）随即萌发，开始秋季的生长，首次萌芽周期持续 1 个月为秋芽期（10 月），随后进入约 2 个月的第 1 个快速生长阶段，然后逐渐衰退，地上部分枯死，再次进入休眠状态；入春后进入短暂的第 2 个生长阶段，部分植物开始开花、结果，另一些则持续生长直至水位上升后被水淹没。

湿地植物中，肉根毛茛生活周期较短，从每年的 2 月中旬发芽，到 3～4 月水位上涨前完成开花结果。陌上菅、朝天委陵菜生活周期都比肉根毛茛长，花期比肉根毛茛迟。朝天委陵菜喜生长在沙地或离水较远的滩涂，其只有一个生长期，由于植株较矮小，叶片细小，开裂很多，朝天委陵菜抗寒能力较强，无春芽和秋芽之分，在 4 月水位上升被淹没之前，朝天委陵菜即完成一个生活史周期。一年生植物在退水一段时间后才进入发芽期，发芽期极短，经历一个较长的生长期（2～5 个月）后开花结果，之后即枯死，整个生活史均在水淹之前完成。虉草在水较深的地方不能生存，汛期较早来临将限制虉草使之无法完成有性生殖，只能依靠营养体进行无性繁殖。汛期推迟后虉草得以完成有性生殖，利用种子进行传播，营养体发育完成，繁殖的能力变得更强。

挺水植物菰生活在水陆交界带，对水分的要求较高，发芽时间较一年生植物约晚一个月，冬季萌发，生长的最旺盛期在 3～5 月。

浮水植物荇菜通常在 0.5～2.0 m 水深能够形成较大的生物量。每年 3 月上旬荇菜越冬茎开始萌动，幼叶丛生，生长较缓慢。随着水位上涨，荇菜叶柄和匍匐茎迅速伸长，叶片不断增多，单叶面积不断增大，盖度也随之增大，在 15～25 d 即可初步形成单优群落。4 月底至 5 月初，荇菜群丛大面积开花，5 月下旬群落的盖度和生物量达到最大值。6 月以后荇菜群丛进入花果中期，大量果实成熟裂开，释放出小而多的种子，荇菜种群密度骤降。入秋以后，残存的荇菜叶片进一步衰老死亡，仅留下茎和细长的叶柄（吴中华，2005）。浮水植物菱从播种至采收需约 5 个月，其中播种和发芽时间一般在清明节前后，5～10 月开花，7～11 月结果。

沉水植物都经过很长的休眠期，冬末春初甚至初夏才开始出芽，丰水期是其生长高峰期，并开花结果。菹草鳞状冬芽每年 1～2 月开始萌芽，3 月植株开始生长，4～5 月达到最大生物量并开花，6 月后菹草群丛开始衰败，植物体枯萎腐烂，同时形成鳞状芽体休眠（刘全美 等，2011）。轮叶黑藻冬季为休眠期，每年 4 月开始进入营养生长阶段，5～8 月轮叶黑藻逐渐达到最大生物量。黑藻能以断枝、冬芽、种子等多种方式繁殖，其生长可以从初春 3 月持续到初冬 11 月，营养体的分枝能力很强，单株植丛可产生多达上百个分枝。一般在 4 月中上旬，黑藻冬芽经过休眠萌发新枝，10 月生物量达到最大，秋末冬初直立茎的小枝顶端形成长卵圆形的冬芽，脱离母株后沉入水底过冬，次年春季萌发成为新的植株，11 月下旬植株茎叶变黄并陆续死亡（张聪，2012）。苦草的球茎或种子在 3～4 月水温回升至 15 ℃以上时开始萌芽，6～7 月是分蘖生长的旺盛期，9～10 月初达到最大生物量，10 月中旬以后分蘖逐渐停止，生长进入衰老期（刘全美 等，2011）。

5）植被季节变化特征

11 月至次年 3 月为菜子湖的枯水期，水位很低，湖区多为滩涂。此时的植物种类主要有荇菜、竹叶眼子菜、聚草、陌上菅、肉根毛茛、虉草、朝天委陵菜、水田碎米荠、红蓼等，其中陌上菅、肉根毛茛、藨草、朝天委陵菜为主要的优势种。3 月滩涂植被以湿生和挺水植物群落为主，主要包括陌上菅+朝天委陵菜+肉根毛茛群丛、藨草+陌上菅群丛、朝天委陵菜群丛、肉根毛茛群丛、菰群丛。

5 月水位仍未上涨，此时湖滩植被相比枯水期更为丰富。以前湖滩上同区域分布的朝天委陵菜和肉根毛茛逐渐被陌上菅和藨草替代，陌上菅布满整个滩涂。5 月植被主要包括湿生及挺水植物群落、浮水植物群落和沉水植物群落，其中湿生及挺水植物群落以陌上菅+藨草群丛、陌上菅群丛、藨草群丛、菰群丛和红蓼+酸模叶蓼群丛为主；浮水植物群落以槐叶苹+满江红群丛、凤眼莲群丛、少花狸藻群丛为主；沉水植物群落以黑藻+竹叶眼子菜群丛、聚草+苦草群丛为主。

8～9 月为菜子湖的丰水期，随着水位上涨，湖面达到最大，此时滩涂植物被水淹没，而水生植物群落发达。8～9 月植被主要包括湿生及挺水植物群落、浮水植物群落及沉水植物群落。其中湿生及挺水植物群落以红蓼+酸模叶蓼群丛、菰群丛、芦苇群丛、长芒稗群丛为主；浮水植物群落以菱群丛、荇菜群丛、喜旱莲子草+凤眼莲群丛为主；沉水植物群落以黑藻+苦草+小茨藻群丛、竹叶眼子菜群丛、聚草群丛、金鱼藻群丛为主（朱文中和周立志，2010）。

3. 水生生物

1）浮游生物

2015 年 5 月和 9 月菜子湖水生生物采样断面共检出浮游植物 7 门 42 属 74 种，其中：绿藻门 19 属 32 种，占总种类数的 43.2%；硅藻门 9 属 20 种，占 27.0%；蓝藻门 5 属 8 种，占 10.8%；裸藻门 4 属 7 种，占 9.5%；甲藻门 2 属 3 种，隐藻门 2 属 3 种，共占 8.1%；金藻门 1 属 1 种，占 1.4%。调查区域的藻类优势种有：颗粒直链藻、小环藻、尖针杆藻、帽状菱形藻、针状菱形藻、简单舟形藻、绿色裸藻、矩圆囊裸藻。2015 年 5 月菜子湖浮游植物的密度变化范围为 1.61×10^6～33.65×10^6 ind./L，平均密度为 10.99×10^6 ind./L。平均密度较大的采样点位于菜子湖北部湖区，较其他采样点浮游植物密度明显偏大，密度组成以硅藻门、绿藻门和蓝藻门为主；2015 年 9 月菜子湖浮游植物的密度变化范围为 5.04×10^6～56.75×10^6 ind./L，平均密度为 16.73×10^6 ind./L。2015 年 5 月菜子湖各采样点浮游植物生物量变化范围为 3.39～15.55 mg/L，平均生物量为 8.99 mg/L；2015 年 9 月菜子湖各采样点浮游植物生物量变化范围为 2.75～19.77 mg/L，平均生物量为 4.34 mg/L。

2015 年 5 月和 9 月在菜子湖水生生物采样断面共检出浮游动物 4 门 50 种。其中：原生动物 15 种，占全部种数的 30%；枝角类 8 种，占 16.0%；桡足类 3 种，占 6%；轮虫 24 种，占 48%。调查区域的优势种有：圆筒异尾轮虫、螺形龟甲轮虫、蒲达臂尾轮虫、角突臂尾轮虫、裂痕龟纹轮虫、针簇多肢轮虫、瓶砂壳虫、剪型臂尾轮虫。2015 年 5 月各采样断面浮游动物的密度变化范围为 1.16×10^3～3.96×10^3 ind./L，平均密度为

2.41×10^3 ind./L，平均密度变化趋势是中部湖区和南部湖区较北部湖区大，其中密度最大的采样点为南部湖区采样点，主要为桡足类和轮虫。浮游动物的生物量变化范围为 0.84～4.29 mg/L，平均生物量为 2.70 mg/L，平均生物量变化趋势和密度变化基本一致。2015 年 9 月各采样断面浮游动物的密度变化范围为 0.66×10^3～7.08×10^3 ind./L，平均密度为 3.61×10^3 ind./L。浮游动物的生物量变化范围为 1.08～7.79 mg/L，平均生物量为 4.35 mg/L，变化趋势与密度保持一致（长江水资源保护科学研究所，2016）。

2）底栖动物

2015 年，菜子湖共采集到大型底栖动物 38 种，其中环节动物 7 种，软体动物 16 种，水生昆虫 13 种，其他类 2 种。其中 2015 年 5 月共采集到底栖动物 33 种，包括环节动物 6 种，软体动物 16 种，水生昆虫 11 种；9 月共采集到 35 种，包括环节动物 7 种，软体动物 15 种，水生昆虫 12 种，其他类 1 种。

2015 年 5 月调查区域大型底栖动物平均密度为 58.38 ind/m^2，平均生物量为 39.82 g/m^2。各采样点中环节动物平均密度为 14.38 ind/m^2，平均生物量为 0.29 g/m^2；节肢动物平均密度为 7.22 ind/m^2，平均生物量为 0.05 g/m^2；软体动物为 36.78 ind/m^2，平均生物量为 39.48 g/m^2。9 月调查区域大型底栖动物平均密度为 66.40 ind/m^2，平均生物量为 83.47 g/m^2，较 5 月生物量变化较大，其增加幅度大于密度的增加幅度，与 9 月在湖区采样点采集到大量螺类有关（长江水资源保护科学研究所，2016）。

3）鱼类

菜子湖历史上分布有鱼类 11 目 21 科 82 种，2007～2008 年共鉴定出 8 目 18 科 69 种，其中新记录 3 种（朱文中和周立志，2010；安庆市林业局，2001）。2015 年 5 月至 9 月共采集鱼类 9 目 16 科 56 种，其中：鲤形目最多为 38 种，占 67.8%；其次鲈形目 8 种，占 14.3%；鲇形目 4 种，占 7.1%；鲑形目、鲱形目各 2 种，分别占 3.6%；合鳃目、鳗鲡目各 1 种，分别占 1.8%。2018 年，安徽大学在菜子湖共采集鱼类 6 目 12 科 52 种，其中：鲤形目鱼类最多为 37 种，占 71.2%；其次为鲈形目 8 种，占 15.4%；鲇形目 4 种，占 7.7%；鲱形目、鲑形目和颌针鱼目各 1 种，分别占总物种数的 1.9%（长江水资源保护科学研究所，2016）。

4. 两栖类与爬行类

菜子湖区有两栖类 2 目 8 科 12 种，约占安徽省两栖类种数的 31.6%；爬行类 20 种，约占安徽省爬行类种数的 30%。其中，国家二级保护动物有大鲵、黄喉拟水龟、乌龟、虎纹蛙 4 种，省二级保护动物有中华大蟾蜍、黑斑蛙、金线蛙、王锦蛇、黑眉锦蛇、乌梢蛇和眼镜蛇 7 种。分布于本区的 32 种两栖、爬行动物中有广布种 14 种，东洋种 18 种，无古北种，东洋界动物成分占优势，从两栖、爬行动物区系成分上看，本区在动物区系划分上应属东洋界（朱文中和周立志，2010；安庆市林业局，2001）。

5. 湿地水鸟

菜子湖位于中国候鸟三大迁徙线路中线和全球候鸟主要迁徙通道之一的东亚—澳大利亚水鸟迁徙通道上，是白头鹤、东方白鹳、豆雁和小天鹅等候鸟在东亚迁徙路线上的重要越冬地和停歇地之一。候鸟越冬期菜子湖水鸟种类和数量总体上较为稳定，基本维持在 30～40 种和数量 20000 只以上的水平。

每年 10～11 月越冬水鸟陆续到达，次年 3 月水鸟陆续北迁，4 月中下旬全部离开。不同类群越冬水鸟抵达菜子湖区和种群数量在菜子湖区达到峰值的时间差异以及不同类群越冬水鸟对生境选择和利用的空间差异是其在菜子湖区实现共存的基础。从每年的 10 月开始至 12 月上旬是水鸟的越冬前期，此时水鸟数量逐渐增加；12 月底到次年 1 月初，水鸟种群数量达到全年峰值，直至 2 月下旬数量基本稳定；3 月开始越冬水鸟开始北迁，直至 4 月中旬左右全部离开，居留期持续 130～145 d。大部分雁鸭类和鹤类迁徙时间相对较早，东方白鹳和黑鹳迁徙时间略迟。

菜子湖区分布有国家重点保护水鸟 14 种，其中白头鹤、白鹤、东方白鹳、青头潜鸭国家一级重点保护水鸟 4 种；白额雁、鸳鸯、白腰杓鹬、鸿雁、花脸鸭、小白额雁、灰鹤、小天鹅、白琵鹭和角䴙䴘国家二级重点保护水鸟 10 种，主要分布在湖区较宽阔的水域及湖岸滩涂。根据国际重要湿地鸟类种群标准，菜子湖湿地内的凤头䴙䴘、普通秋沙鸭、白头鹤、白鹤、东方白鹳、白额雁、白琵鹭、大白鹭、鸿雁、豆雁、罗纹鸭、普通鸬鹚、金眶鸻、反嘴鹬、红脚鹬 15 种水鸟的数量已经达到国际重要湿地的数量标准。

菜子湖区不同的鸟类占据不同的生态位，水位、水域面积比例、草洲植被盖度、食物资源丰富度等是影响菜子湖水鸟分布的主要环境因子。冬季在水较深的湖区分布有鸭类和小天鹅等游禽，浅水区域则分布有鹤类和鹳类等涉禽，植食性鸟类主要分布在湖周植被较丰富的地区。雁鸭类和鹤类等越冬水鸟主要分布在薹草和狗牙根等分布较多的区域，甚至出现部分雁鸭类（豆雁、鸿雁等）以及鹤类（白头鹤等）也在周边的农田生境中觅食的现象。候鸟越冬期菜子湖湿地出露与水位变化密切相关，10 月至次年 1 月菜子湖水位逐渐下降（9.26～6.90 m），泥滩地和浅水沼泽出露面积逐渐增大；次年 3 月菜子湖水位逐渐上升（7.11 m），泥滩地和浅水沼泽面积逐渐缩小，湖泊水域面积逐渐增加。

滩涂和水域啄取和挖掘的鸟类涉及涉禽和游禽 2 个生态类型的众多水鸟，包括苍鹭、大白鹭等鹭类，东方白鹳、白头鹤等鹳鹤类，鸿雁、豆雁、绿头鸭等雁鸭类，主要食物资源为植物叶、水生植物块根或块茎；浅水区挖掘或者头部入水取食的鸟类包括白琵鹭、小天鹅等；泥滩地取食的鸟类以拾取方式取食的黑腹滨鹬和以刺探方式取食的鹤鹬等鸻鹬类为主；湖泊深水区取食的鸟类包括鸥类、小䴙䴘。

6. 重要湿地

菜子湖包括安庆沿江湿地省级自然保护区（菜子湖片区）、菜子湖国家湿地公园和嬉子湖国家湿地公园 3 个生态敏感区（图 3.2）。

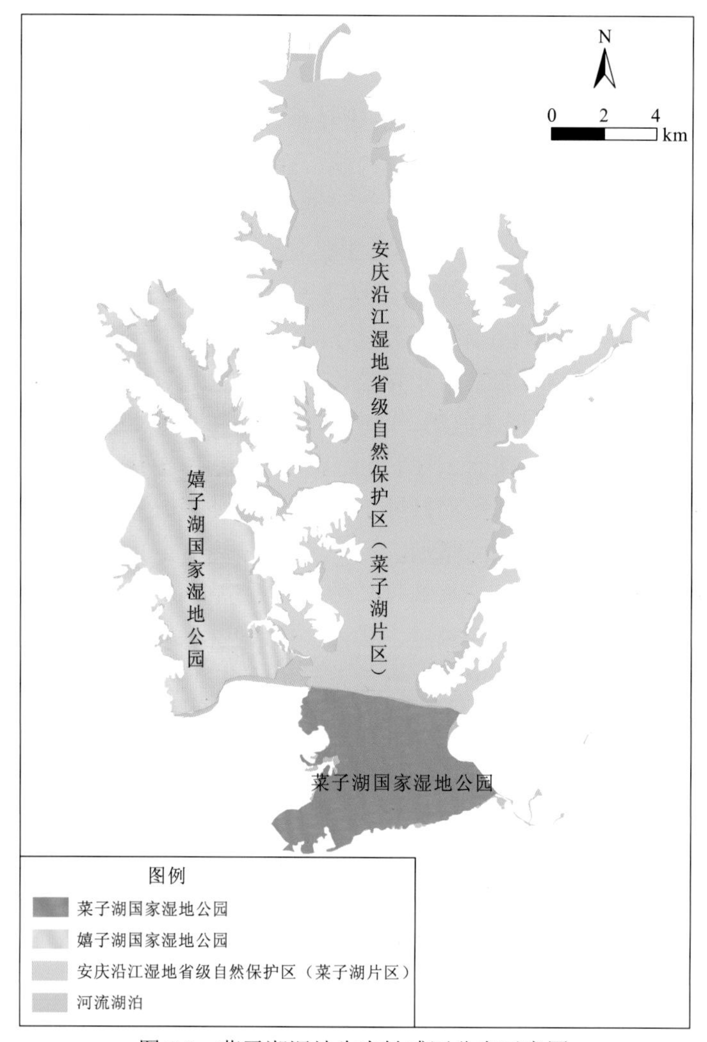

图 3.2　菜子湖湿地生态敏感区分布示意图

安庆沿江一带湖泊星罗棋布，生物多样性丰富。为加强安庆沿江湿地生态系统及鸟类资源保护，安徽省人民政府于 1995 年 12 月 11 日批准建立了安徽省安庆沿江湿地水禽省级自然保护区，范围包括龙感湖、大官湖、黄湖、泊湖、武昌湖、破罡湖、菜子湖、白荡湖、枫沙湖和陈瑶湖。2013 年，为解决保护区各湖泊过于分散的问题，安徽省政府将安庆沿江湿地省级自然保护区调整为两个保护区，其中安庆沿江湿地自然保护区包括枫沙湖、陈瑶湖、白荡湖、菜子湖、破罡湖、武昌湖、泊湖 7 个片区，总面积 50 332 hm^2。引江济淮工程涉及的菜子湖片区总面积 11 565 hm^2，主要保护对象为白头鹤、白鹤、小天鹅、东方白鹳、白琵鹭、大白鹭、鸿雁等珍稀鸟类和湿地生态系统。

菜子湖湿地公园于 2014 年 6 月设立省级湿地公园试点，2015 年 12 月晋升为国家级试点。湿地公园位于长江下游北岸菜子湖区南部，属安徽省安庆市宜秀区罗岭镇，处于皖鄂赣三省枢纽，是长江中下游典型的淡水湖泊湿地。湿地公园地理坐标为：东经 117° 03′29.39″～117° 08′03.03″，北纬 30° 43′29.39″～30° 45′47.43″。菜子湖国家湿地公园划分为生态保育区、恢复重建区、科普宣教区、合理利用区和管理服务区 5 个区域，规划总面积 2 539 hm^2。其中生态保育区位于湿地公园的东半部，面积约为 1 760 hm^2；恢复重建区位于菜子湖西部沿岸滩涂和水域，面积约为 113 hm^2；科普宣教区位于湿地公园的西北部，面积约为 193 hm^2；合理利用区位于湿地公园的西南部，面积约为 443 hm^2；管理服务区面积约为 30 hm^2。

嬉子湖湿地公园于 2014 年 6 月设立省级湿地公园试点，2015 年 12 月晋升为国家级试点。湿地公园位于桐城市东南部，距桐城市区 25 km，距安庆市约 50 km。湿地公园规划范围边界北至金坤镇、南至桐城市与宜秀区行政分界线、西至张家老屋和徐家老屋、东至桐城公路以西区域。嬉子湖国家湿地公园分为湿地保育区、恢复重建区、宣教展示区、合理利用区和管理服务区，规划总面积 5 445.89 hm^2。

3.1.4　主要生态环境问题

1. 湿地面积减少

围垦是造成湖泊湿地面积减少和功能退化或丧失的主要原因。自 20 世纪 50 年代以来，沿江湖区开始大规模的围垦。到 20 世纪 80 年代围垦规模逐渐减小，并有部分围垦地退田还湖，湖泊面积有所恢复，但湖泊生态系统已发生很大变化。20 世纪 80 年代菜子湖区先后围垦面积达 73.6 km^2 以上，导致湿地大面积减少，生境多样性降低，水生动物、湿地鸟类的栖息与繁殖生境受到较大破坏，对湖泊生物多样性和生态系统功能造成一定影响。

2. 湿地生态系统退化

1958 年枞阳闸建成以前，菜子湖区的渔业方式一直以天然捕捞为主。枞阳闸建成后，湖区（半）洄游性鱼类丰度锐减，菜子湖区渔业产量持续下滑。20 世纪 70 年代末，渔业捕捞产量仅相当于 1958 年的 20%。1972 年以后，以人工繁殖与放流为基础的养殖渔业得到快速发展。直至 20 世纪 90 年代中期，菜子湖人工繁殖鱼苗的放养基本上是大湖放流的模式。1995 年，嬉子湖试行围栏养殖、人工放流模式，人工放流逐步扩大到嬉子湖全部水面。2002 年开始，桐城市所属水域的围栏养殖逐步兴起。2005 年，枞阳县所属水域逐步围养。截至 2008 年，菜子湖围栏养殖业已覆盖全部敞水水面，水面围网养殖率达 90%以上（朱文中和周立志，2010）。

随着渔业生产的快速发展，特别是草食性鱼类和蟹类的大量投放，湿地植被破坏严重，植物种类组成趋向于单一化，群落结构发生变化，苦草、菹藻、轮叶黑藻、马来眼子菜等沉水植物被浮叶植物和挺水植物群落取代，2010～2016 年整个湖区植被覆盖度已不到 3%，菜子湖生态系统呈现从草型生态系统向藻型生态系统转变的演替趋势。菜子湖分布有较大面积的细果野菱群落，对光线的遮蔽作用严重制约着沉水植物的生长，影响水生生物的群落结构，使湿地生物多样性急剧减少，湿地食物链受到破坏（朱文中和周立志，2010）。

3. 鱼类多样性降低

20 世纪 70 年代，菜子湖区传统的捕捞渔业逐渐向养殖渔业转变。2005 年围栏划片养殖覆盖全湖 90%以上水面。2008 年湖区产量前 10 位的鱼类中养殖鱼类仅 4 种，但产量达 92.8%，养殖鱼类在湖区鱼类资源总量上占绝对优势。大规模鱼类放养导致养殖种类优势度增大，野生种相对丰度减小，物种多样性降低。

3.2 工程建设运行对湿地生态影响及保护对策措施

3.2.1 对水文情势的影响

1. 湿地水文节律变化特征

1）年内水位变化特征

根据菜子湖车富岭水位站（地理位置：30° 50'0.6″N，117° 6'53″E）多年水位观测数据（1956～2018 年），菜子湖水位在年内具有明显的高、低水位特征（图 3.3）。从多年平均水位来看：最低水位发生在 2 月 9 日，为 6.88 m；最高水位发生在 7 月 25 日，为 11.08 m。以 7 月 25 日为界，全年可分为 2 个水位变化时期，2 月 9 日至 7 月 25 日为水位上升阶段，7 月 25 日至年末为水位下降阶段。相同日期的最高和最低水位在 63 年内最大差值达 7.24 m。

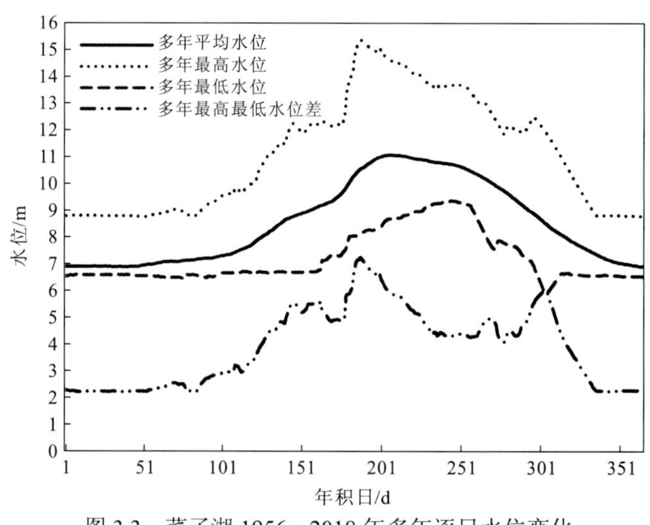

图 3.3 菜子湖 1956～2018 年多年逐日水位变化

根据菜子湖车富岭水位站多年月平均水位统计结果（图 3.4）：菜子湖年内最高水位出现在 8 月，为 10.90 m；年内最低水位出现在 1 月，为 6.90 m。从多年月平均水位年来看，以 8 月为界，全年可分为 2 个水位变化时间，1 月至 8 月为水位上升阶段，8 月至

12 月为水位下降阶段。

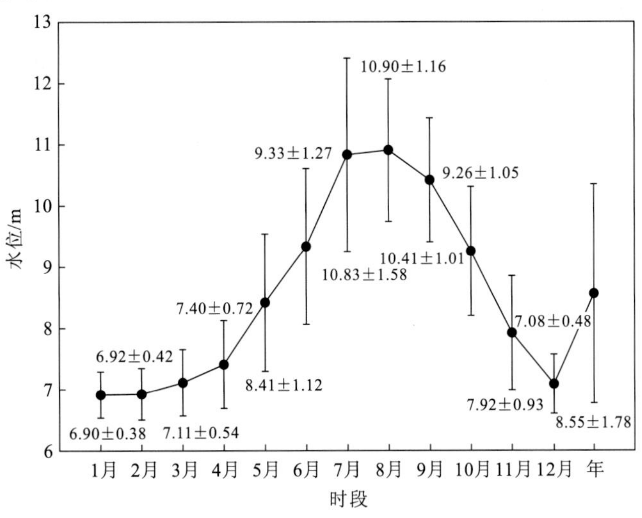

图 3.4　菜子湖 1956～2018 年多年月平均水位统计值

2）年际水位变化特征

从历年最高日水位数据来看，2016 年 7 月 7 日最高日水位为 15.37 m，超过历史最高日水位 15.06 m（1969 年 7 月 18 日）。与 1956～2014 年多年逐日平均水位数据相比，除 2018 年逐日水位高于 1956～2014 年多年逐日平均水位的年积日不超过 50%外，2015、2016、2017 年逐日水位高于 1956～2014 年多年逐日平均水位的年积日占比分别达到 56%、77%和 64%。其中，枯水期 12 月、1 月、2 月和 3 月总体表现为近年相比 1956～2014 年多年逐日平均水位有所抬升。除 2017 和 2018 年外，丰水期其他年份 6 月中下旬、7 月和 8 月相比 1956～2014 年多年逐日平均水位也有较大幅度抬升。

从不同年份的菜子湖水位变化特征来看，湖区水位基本都是在 7、8 月达到最高，9 月开始逐渐下降，3 月逐渐上升（表 3.1）。其中，1956～2014 多年逐月平均、2017 年和 2018 年逐月平均水位是在 8 月达到峰值，2015 年、2016 年逐月平均水位是在 7 月达到峰值。对比菜子湖湿地不同年份逐月平均水位数据，2016 年 7 月平均水位 14.69 m 为高峰值，而 2018 年的逐月最高水位值只有 10.21 m，较 1956～2014 多年逐月平均水位最高值偏低。

表 3.1　菜子湖 1956～2018 年不同年份逐月平均水位对比

不同年份	逐月平均水位/m											
	1 月	2 月	3 月	4 月	5 月	6 月	7 月	8 月	9 月	10 月	11 月	12 月
1956～2014	6.87	6.90	7.09	7.33	8.39	9.31	10.77	10.89	10.46	9.29	7.92	7.06
2015	6.96	6.86	7.35	8.21	7.59	9.63	11.68	10.18	9.53	8.51	7.66	7.69
2016	7.27	7.25	7.29	8.80	11.15	11.82	14.69	12.40	9.07	7.96	7.77	7.40
2017	7.54	7.26	7.42	8.86	8.20	7.99	9.53	10.94	10.02	9.57	8.46	7.46
2018	7.38	7.34	7.71	7.27	7.86	8.98	9.44	10.21	9.99	7.82	7.21	7.33

3）年际水位变化趋势

采用曼-肯德尔（Mann-Kendall，MK）算法对 1956～2018 年逐月长时间序列水位数据进行趋势性分析。趋势分析结果表明（表 3.2）：菜子湖 1956～2018 年年均水位无显著变化趋势，Z 值为 0.49（$p>0.05$）；12 月至次年 3 月的水位均表现为极显著增加趋势，Z 值分别为 2.76（$p<0.01$）、6.43（$p<0.01$）、4.44（$p<0.01$）、3.47（$p<0.01$）；10 月的水位表现为显著降低趋势，Z 值为-1.98（$p<0.05$）。菜子湖其他月份水位无显著变化趋势（$p>0.05$）。菜子湖逐年和逐月平均水位变化趋势见图 3.5～图 3.6。

表 3.2　1956～2018 年菜子湖逐月平均水位和逐年平均水位变化趋势

时段	趋势/（m/a）	Z
1 月	0.006	6.43^{**}
2 月	0.005	4.44^{**}
3 月	0.007	3.47^{**}
4 月	0.002	0.84
5 月	−0.008	−1.21
6 月	−0.008	−0.92
7 月	0.009	0.91
8 月	0.010	1.09
9 月	0.002	0.45
10 月	−0.012	-1.98^{*}
11 月	−0.011	−1.87
12 月	0.006	2.76^{**}
年	0.002	0.49

*代表在 0.05 的显著性水平下显著；**代表在 0.01 的显著性水平下显著。

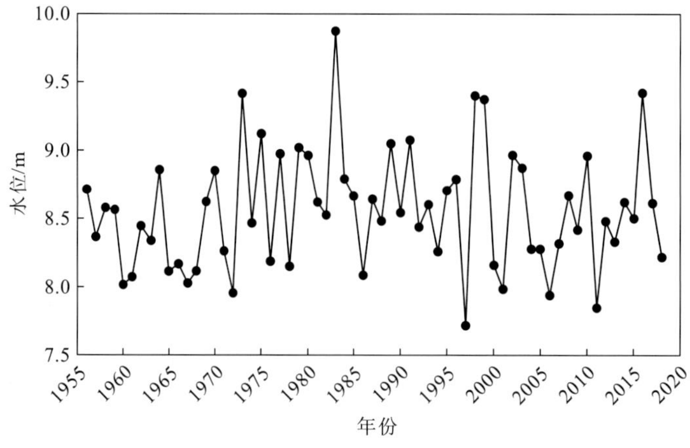

图 3.5　菜子湖 1956～2018 年逐年平均水位变化

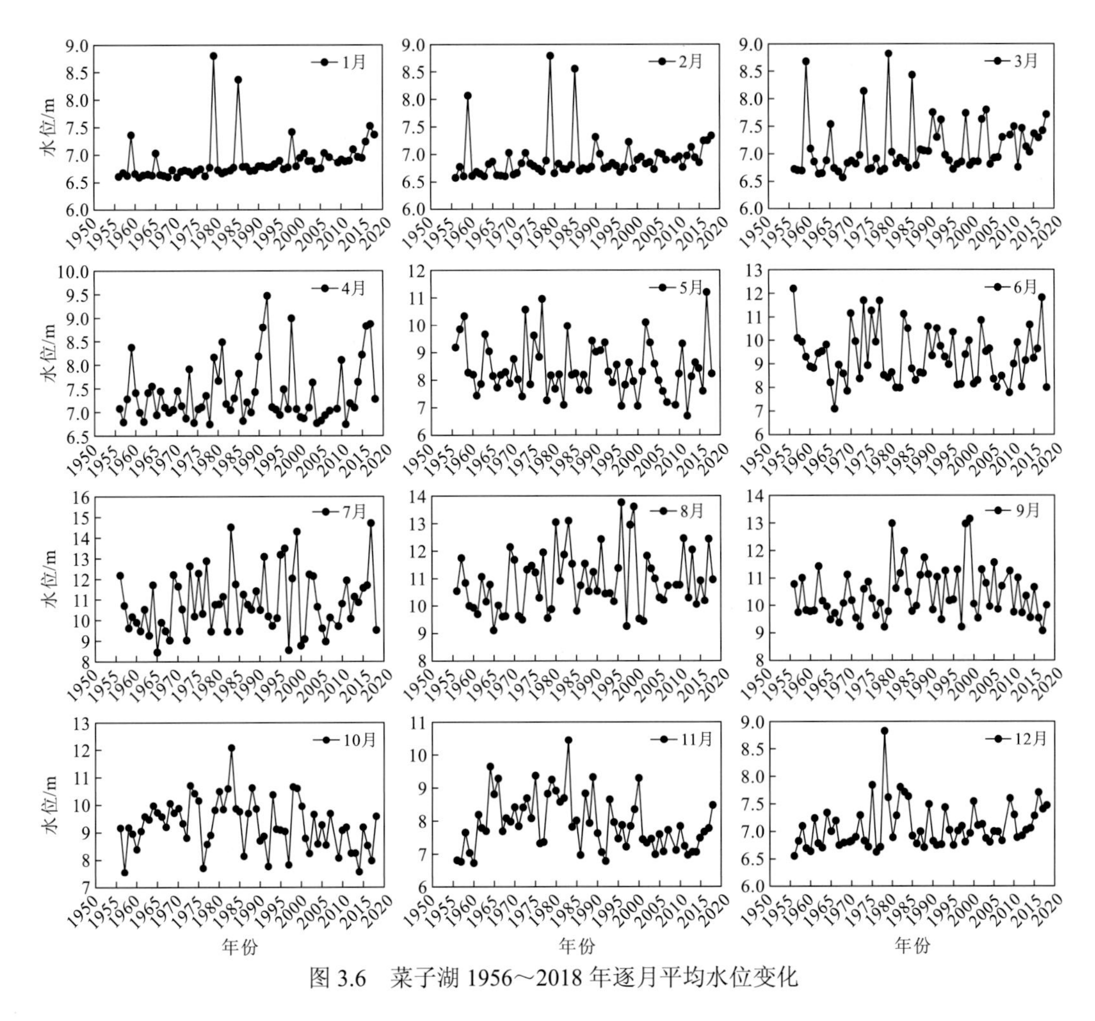

图 3.6　菜子湖 1956～2018 年逐月平均水位变化

2. 对水文节律的影响

1）无引江济淮工程影响下水文节律演变趋势

趋势分析结果表明，菜子湖 12 月至次年 3 月（1956～2018 年）的水位均表现为显著或极显著增加趋势，但其增加趋势仅为 0.005～0.007 m/a（表 3.2），近 60 年水位总体抬升仅 0.30～0.35 m。按此趋势对菜子湖 2030 和 2040 年水位进行预测，水位相比现状仅抬升不到 0.08 和 0.12 m。

从图 3.7 可以看出，菜子湖在不同时期蓄水位变化不大，主要是长期以来菜子湖周边供水任务轻、防汛任务重，菜子湖水位实际调度过程中尽可能以排泄湖水为主，对蓄水要求不高。

2）引江济淮工程影响下水文节律演变趋势

菜子湖枯水期（11 月至次年 3 月，候鸟越冬期）水位按不高于 7.5 m 控制时，不同典型年菜子湖变化表现如下（见图 3.8）：多年平均情况下，菜子湖年平均水位由现状的 8.53 m 降低到调水后的 8.49 m，降低 0.04 m，其中枯水期平均水位由现状的 7.17 m 提高

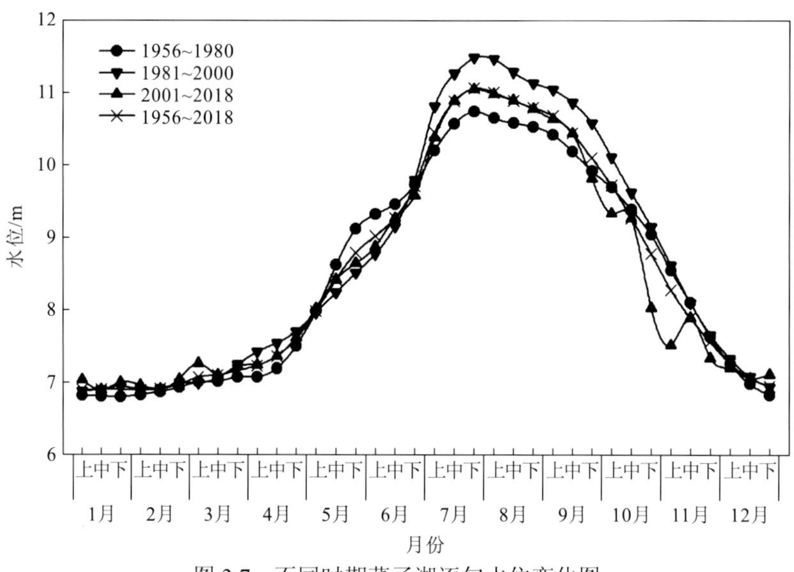

图 3.7　不同时期菜子湖逐旬水位变化图

到调水后的 7.18 m，增加 0.01 m[图 3.8（a）]；平水年情况下（50%年型），菜子湖年平均水位由现状的 8.84 m 降低到降水后的 8.81 m，降低 0.03 m，其中枯水期平均水位由现状的 7.07 m 提高到调水后的 7.17 m，增加 0.10 m[图 3.8（b）]；枯水年情况下（75%年型），菜子湖年平均水位由现状的 8.43 m 提高到调水后的 8.50 m，增加 0.07 m，其中枯水期平均水位由现状的 6.93 m 提高到调水后的 7.23 m，增加 0.30 m[图 3.8（c）]；特枯年情况下（95%年型），菜子湖年平均水位由现状的 8.14 m 提高到调水后的 8.41 m，增加 0.27 m，其中枯水期平均水位由现状的 7.61 m 降低到 7.21 m，下降 0.40 m[图 3.8（d）]。

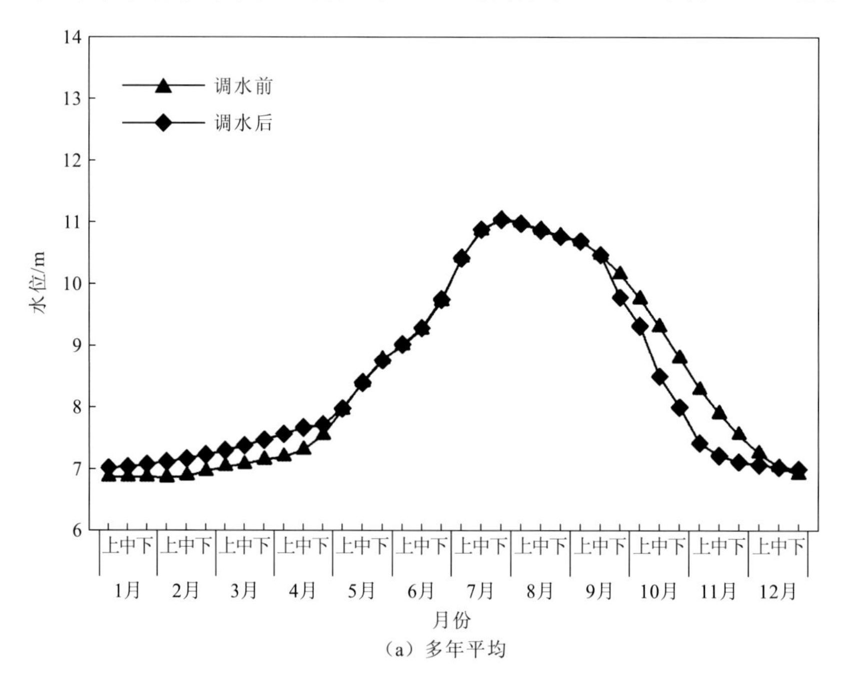

（a）多年平均

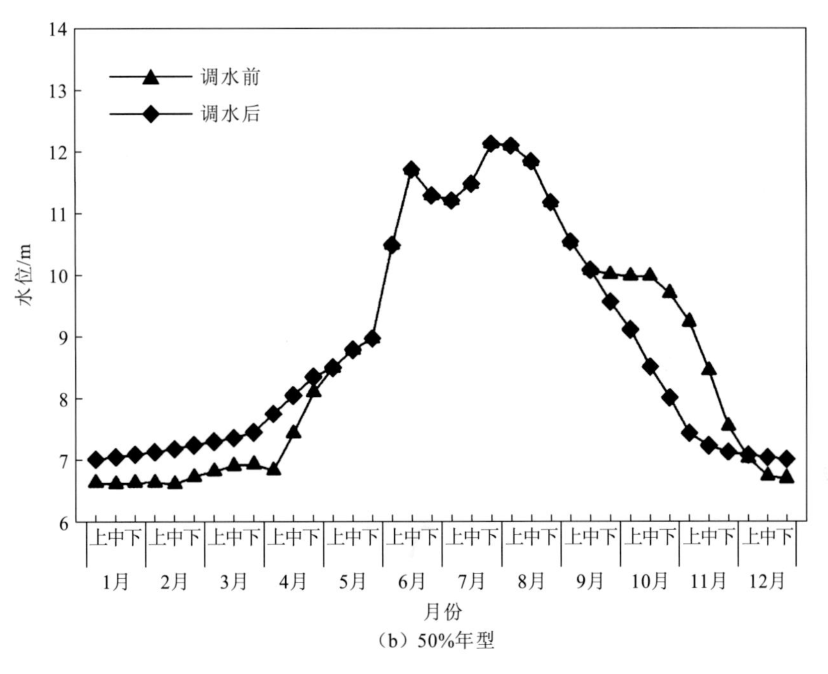
14
13
12
11
10
9
8
7
6
水位/m
调水前
调水后
上中下
1月
2月
3月
4月
5月
6月
7月
8月
9月
10月
11月
12月
月份

（b）50%年型

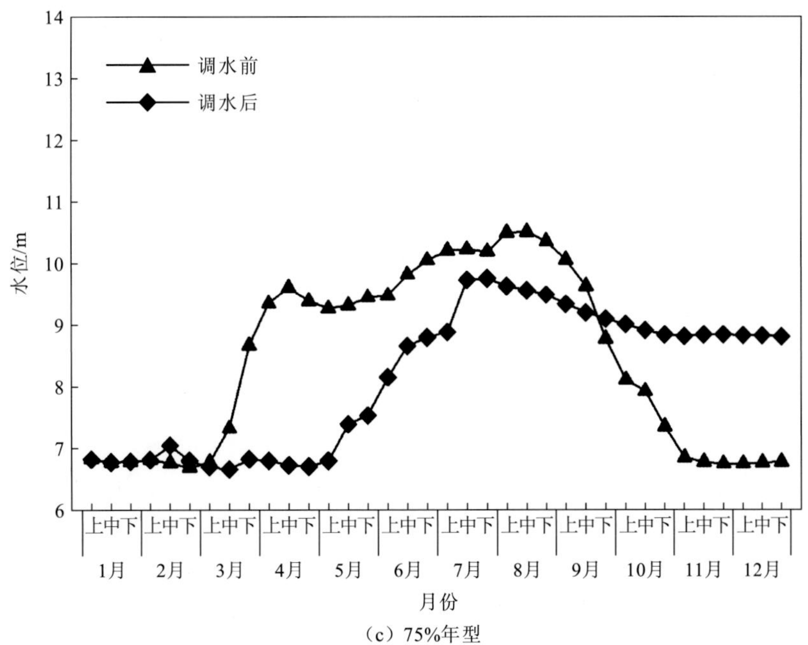
14
13
12
11
10
9
8
7
6
水位/m
调水前
调水后
上中下
1月
2月
3月
4月
5月
6月
7月
8月
9月
10月
11月
12月
月份

（c）75%年型

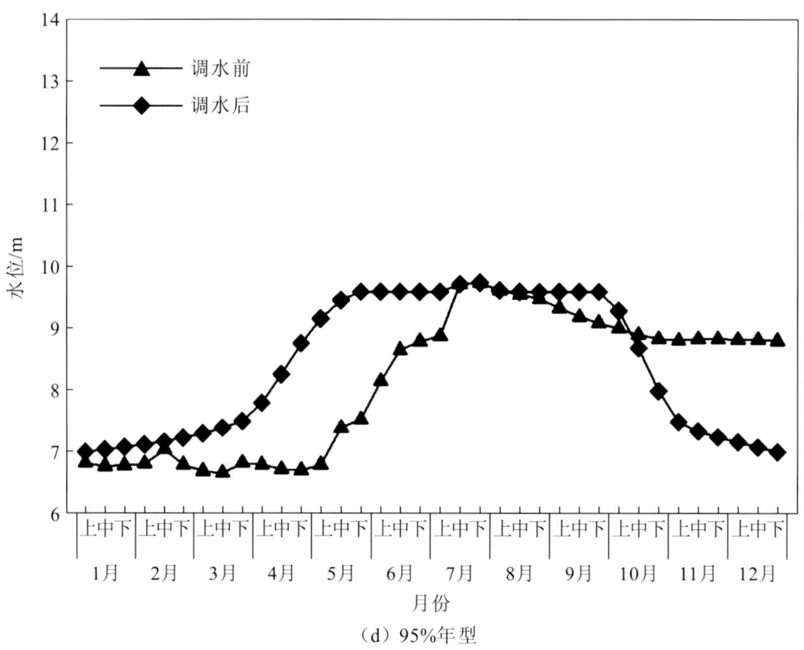

(d) 95%年型

图 3.8　枯水期水位按不超过 7.5 m 控制时菜子湖不同年型调水前后水位变化

枯水期水位全部按 7.5 m 控制时，不同典型年菜子湖变化表现如下（见图 3.9）：多年平均情况下，菜子湖年平均水位由现状的 8.53 m 提高到调水后的 8.62 m，增加 0.09 m，其中枯水期平均水位由现状的 7.17 m 提高到调水后的 7.50 m，增加 0.33 m[图 3.9（a）]；平水年情况下（50%年型），菜子湖年平均水位由现状的 8.84 m 提高到调水后的 8.94 m，增加 0.10 m，其中枯水期平均水位由现状的 7.07 m 提高到调水后的 7.50 m，增加 0.43 m

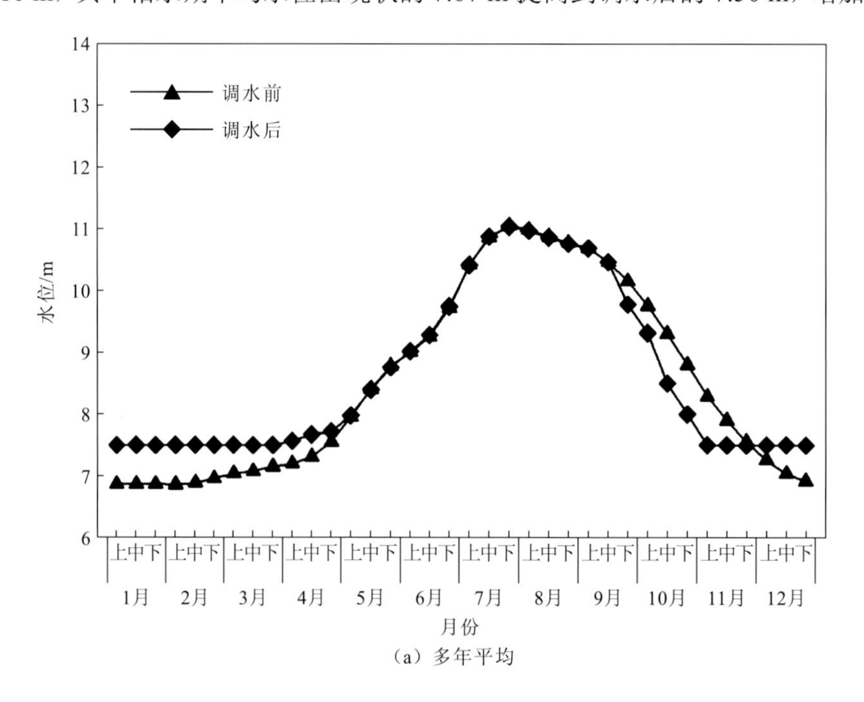

(a) 多年平均

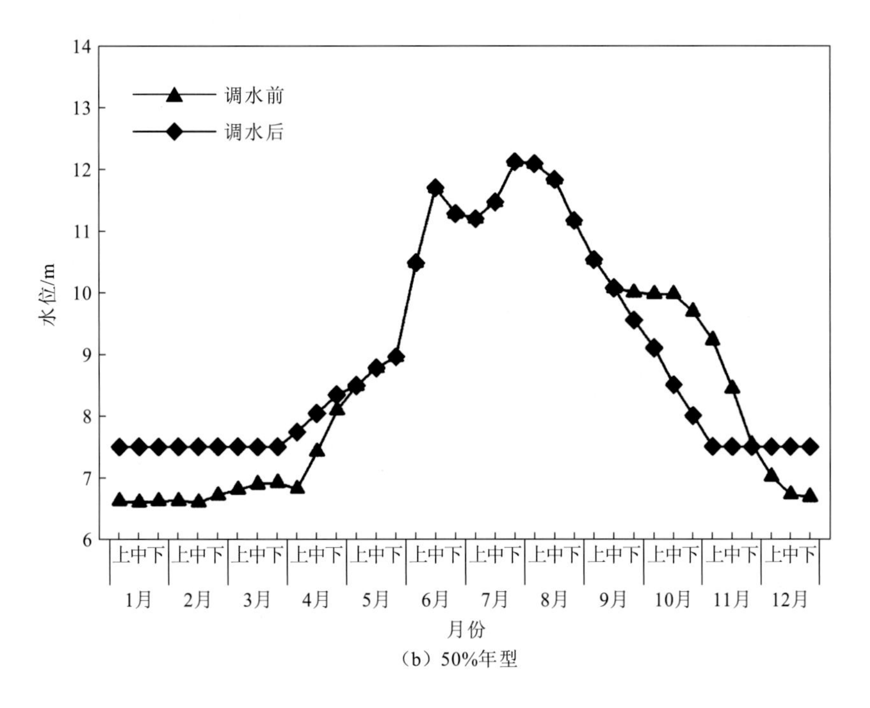
14
13
12
11
10
9
8
7
6
水位/m
调水前
调水后
上中下
1月
2月
3月
4月
5月
6月
7月
8月
9月
10月
11月
12月
月份
（b）50%年型

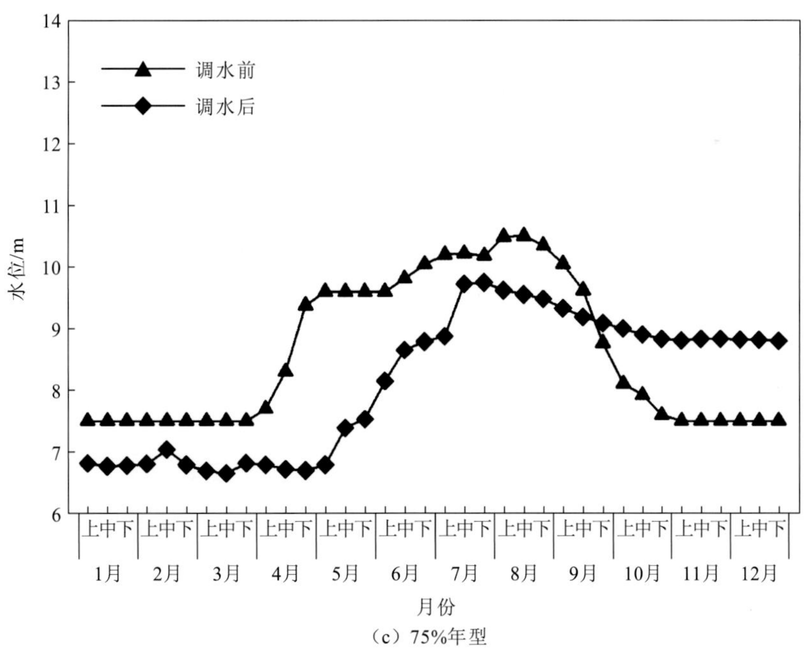
14
13
12
11
10
9
8
7
6
水位/m
调水前
调水后
上中下
1月
2月
3月
4月
5月
6月
7月
8月
9月
10月
11月
12月
月份
（c）75%年型

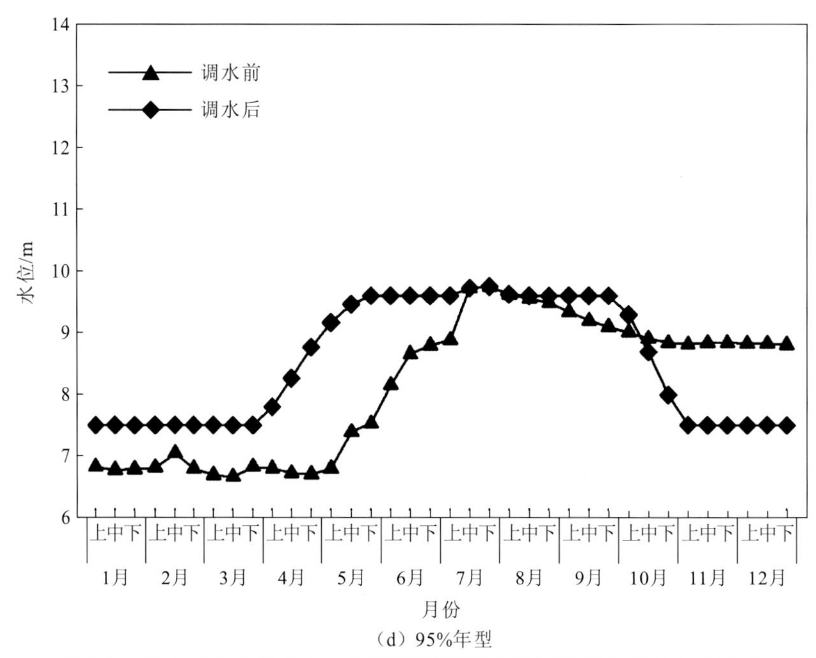

（d）95%年型

图 3.9　枯水期水位按 7.5 m 控制时菜子湖不同年型调水前后水位变化

[图 3.9（b）]；枯水年情况下（75%年型），菜子湖年平均水位由现状的 8.43 m 提高到调水后的 8.61 m，增加 0.18 m，其中枯水期平均水位由现状的 6.93 m 提高到调水后的 7.50 m，增加 0.57 m[图 3.9（c）]；特枯年情况下（95%年型），菜子湖年平均水位由现状的 8.14 m 提高到调水后的 8.53 m，增加 0.39 m，其中枯水期平均水位由现状的 7.61 m 降低到调水后的 7.50 m，减少 0.11 m[图 3.9（d）]。

菜子湖枯水期水位按不高于 8.1 m 控制时，不同典型年菜子湖变化表现如下（见图 3.10）：多年平均情况下，菜子湖年平均水位由现状的 8.53 m 提高到调水后的 8.80 m，增加 0.27 m，其中枯水期平均水位由现状的 7.17 m，提高到调水后的 7.83 m，增加 0.66 m[图 3.10（a）]；平水年情况下（50%年型），菜子湖年平均水位由现状的 8.84 m 提高到调水后的 9.09 m，增加 0.25 m，其中枯水期平均水位由现状的 7.07 m 提高到调水后的 7.81 m，增加 0.74 m[图 3.10（b）]；枯水年情况下（75%年型），菜子湖年平均水位由现状的 8.43 m 提高到调水后的 8.83 m，增加 0.40 m，其中枯水期平均水位由现状的 6.93 m 提高到调水后的 7.87 m，增加 0.94 m[图 3.10（c）]；特枯年情况下（95%年型），菜子湖年平均水位由现状的 8.14 m 提高到调水后的 8.81 m，增加 0.67 m，其中枯水期平均水位由现状的 7.61 m 提高到调水后的 7.97 m，增加 0.36 m[图 3.10（d）]。

枯水期水位全部按 8.1 m 控制时，不同典型年菜子湖变化表现如下（见图 3.11）：多年平均情况下，菜子湖年平均水位由现状的 8.53 m 提高到调水后的 8.92 m，增加 0.39 m，其中枯水期平均水位由现状的 7.17 m 提高到调水后的 8.10 m，增加 0.93 m [图 3.11（a）]；平水年情况下（50%年型），菜子湖年平均水位由现状的 8.84 m 提高到调水后的 9.21 m，增加 0.37 m，其中枯水期平均水位由现状的 7.07 m 提高到调水后的

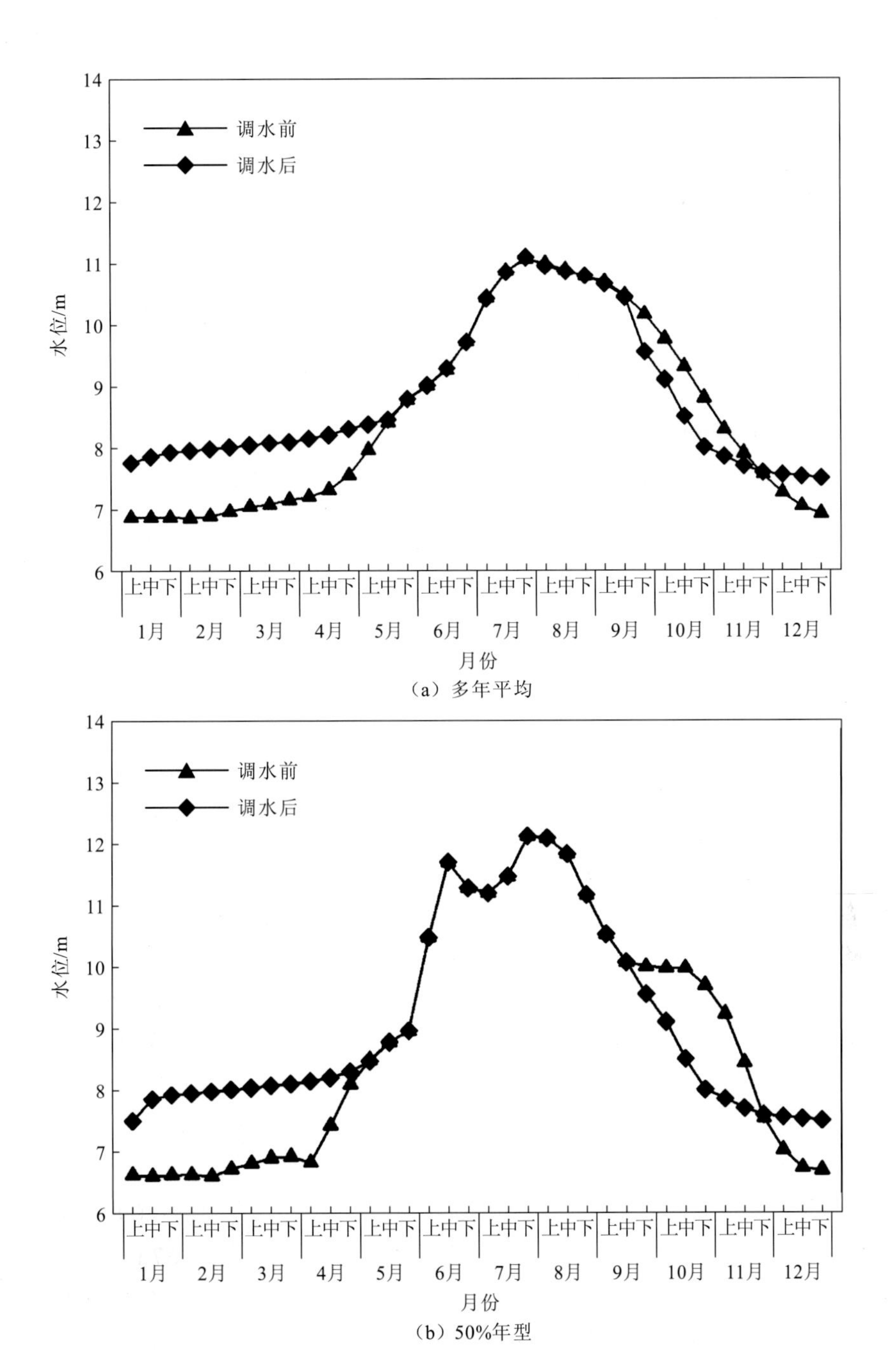
14
13
12
11
10
9
8
7
6
水位/m
调水前
调水后
上中下
1月
2月
3月
4月
5月
6月
7月
8月
9月
10月
11月
12月
月份

（a）多年平均

（b）50%年型

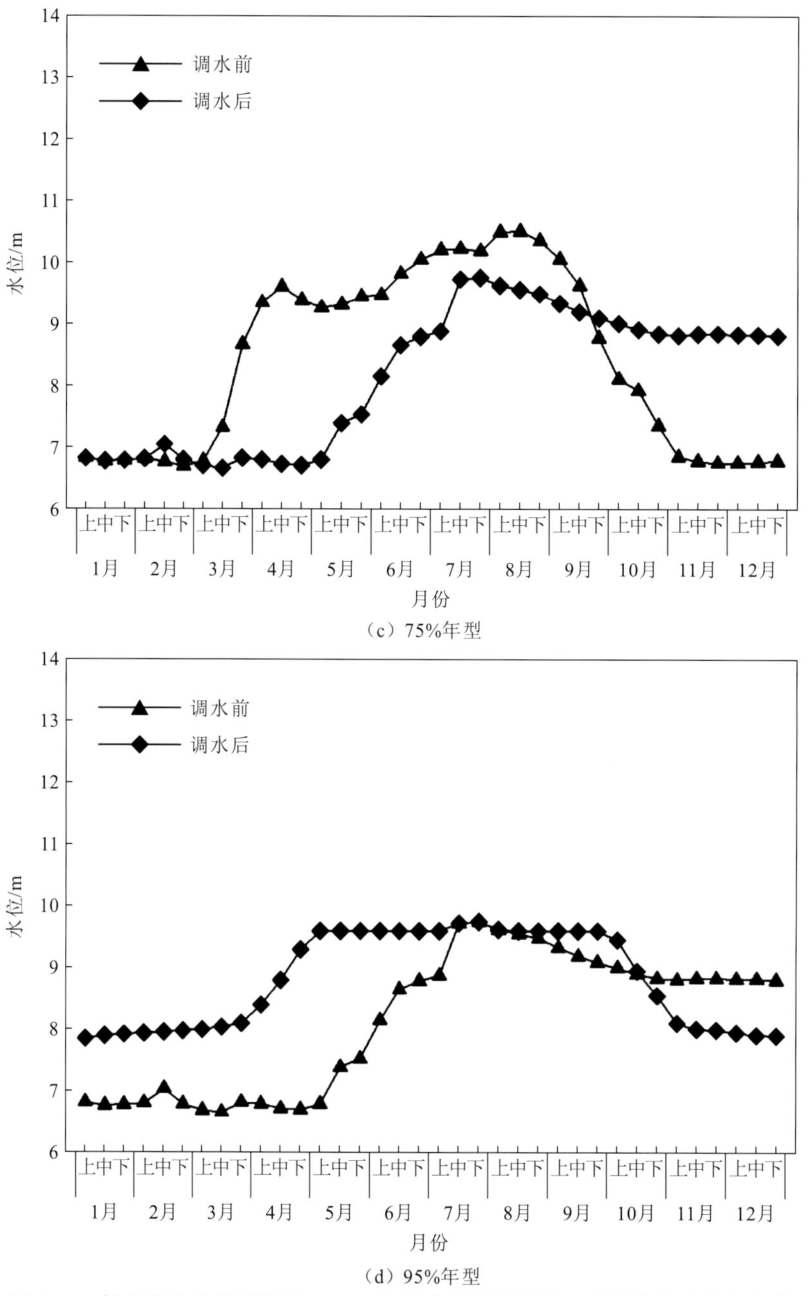

（c）75%年型

（d）95%年型

图 3.10 枯水期水位按不超过 8.1 m 控制时菜子湖不同年型调水前后水位变化

8.10 m，增加 1.03 m[图 3.11（b）]；枯水年情况下（75%年型），菜子湖年平均水位由现状的 8.43 m 提高到调水后的 8.93 m，增加 0.50 m，其中枯水期平均水位由现状的 6.93 m，提高到调水后的 8.10 m，增加 1.17 m[图 3.11（c）]；特枯年情况下（95%年型），菜子湖年平均水位由现状的 8.14 m 提高到调水后的 8.87 m，增加 0.73 m，其中枯水期平均水位由现状的 7.61 m 提高到调水后的 8.10 m，增加 0.49 m[图 3.11（d）]。

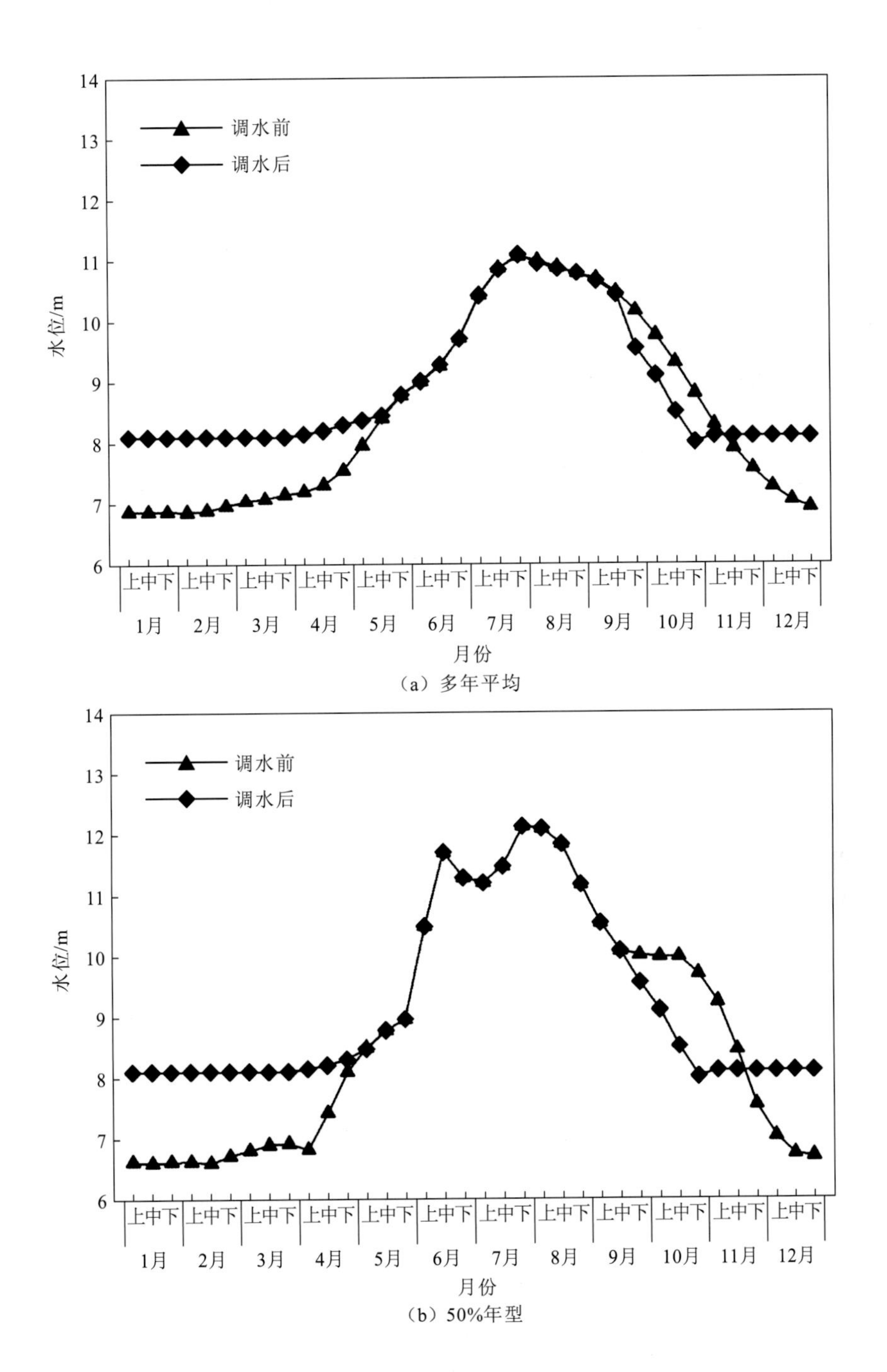

14
13
12
11
10
9
8
7
6
水位/m
调水前
调水后
上中下
1月
2月
3月
4月
5月
6月
7月
8月
9月
10月
11月
12月
月份

（a）多年平均

14
13
12
11
10
9
8
7
6
水位/m
调水前
调水后
上中下
1月
2月
3月
4月
5月
6月
7月
8月
9月
10月
11月
12月
月份

（b）50%年型

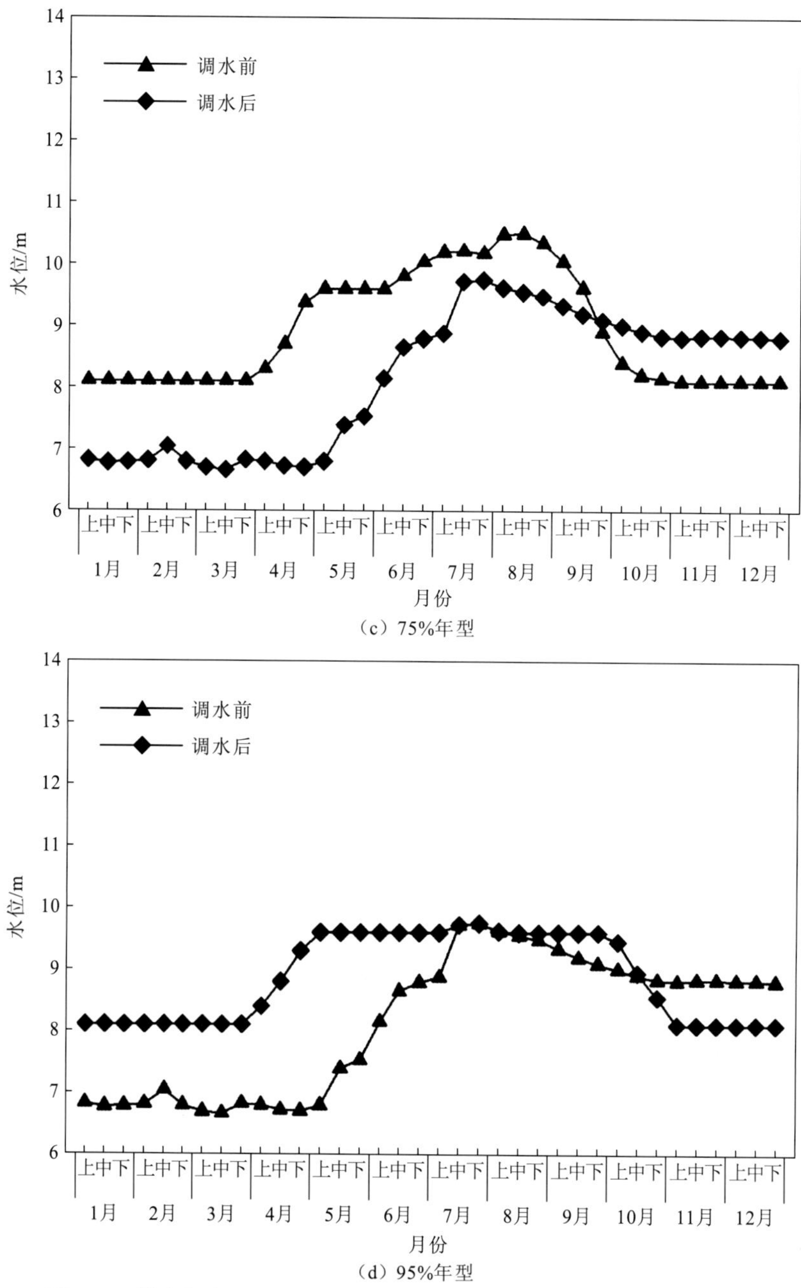

（c）75%年型

（d）95%年型

图 3.11　枯水期水位按 8.1 m 控制时菜子湖不同年型调水前后水位变化

3.2.2　对水环境的影响

构建菜子湖二维水动力水质数学模型。菜子湖湖区水质预测指标的初始浓度选用 2014 年湖区水质实测数据；菜子湖边界入湖浓度选用长江前江口断面 2014 年的实测数据；出、入湖流量过程由 2030 年和 2040 年的调水过程确定；水温资料参考湖滨站 2014

年逐日水温表；日照时数选用合肥市 2014 年逐日实测值，结合相关经验公式，求得菜子湖的光照强度，作为模型计算值。

参照《地表水环境质量评价办法（试行）》规定的国内现行湖泊富营养化评分和分类标准对菜子湖进行评价，得到菜子湖 2030 年和 2040 年的逐月富营养化评分值，具体见表 3.3。

表 3.3　菜子湖逐月富营养化评分结果

月份	2030 年		2040 年	
	评分值	评价结果	评分值	评价结果
1	47.3	中营养化	44.1	中营养化
2	45.2	中营养化	43.2	中营养化
3	46.2	中营养化	45.2	中营养化
4	47.2	中营养化	49.9	中营养化
5	49.1	中营养化	49.8	中营养化
6	50.8	轻度富营养化	49.9	中营养化
7	53.6	轻度富营养化	52.5	轻度富营养化
8	55.4	轻度富营养化	54.3	轻度富营养化
9	53.4	轻度富营养化	52.3	轻度富营养化
10	50.0	中营养化	48.9	中营养化
11	47.8	中营养化	46.6	中营养化
12	45.3	中营养化	44.0	中营养化

计算结果表明：在规划污染源情况下，引江济淮工程实施后菜子湖在丰水期均有轻度富营养化的趋势，其余时期处于中营养化阶段；调水后，由于引水水体中 N、P 浓度较高，丰水期气温较高，在长江引水交换不充分的情况下，存在局部富营养化的可能性。

3.2.3　对湿地生态的影响

1. 对越冬候鸟及湿地生境的影响

菜子湖 1 月多年平均水位为 6.87 m，该时段越冬候鸟数量达到峰值，越冬候鸟适宜生境面积最大。以菜子湖水域[包括嬉子湖、菜子湖（子湖）、白兔湖]为界，根据研究区域可获取的卫星影像对应的日期和车富岭历史水位数据对应的日期对影像数据和水位数据进行匹配。研究区域可获取的卫星影像中，分别有 1 个时期的高分卫星影像数据对应的菜子湖车富岭水位实测水位数据为 6.97 和 7.05 m，与 1 月多年平均水位 6.87 m 接近，选取这 2 期遥感影像数据。研究区域可获取的卫星影像中，分别有 1 个时期的卫星影像数据对应的菜子湖车富岭实测水位数据与 7.5、8.1 及 8.6 m 接近。选取这 5 期遥感影像进行解译，分析菜子湖候鸟越冬期工程调度运行对主要湿地类型面积及空间分布的影响及主要湿地类型面积对水位变化的动态响应。

本节使用的遥感影像为 Landsat 5 TM 及高分一号卫星遥感影像。其中高分一号卫星遥感影像为 2 m 全色/8 m 多光谱融合遥感影像（融合后分辨率 2 m），Landsat 5 TM 卫星遥感影像地面精度为 30 m，轨道编号为 121/039。影像选择主要考虑三方面的因素：①遥感影像质量，选取天气晴朗，无云或少云，无色差的影像；②筛选的影像能反映水位变幅；③筛选的影像尽量集中在枯水期。根据以上原则，共筛选 5 景遥感影像（表 3.4）。研究区域的土地覆被类型包括水域、草本沼泽、泥滩地、林地、水稻田、建设用地，根据每种土地类型特有的光谱特征，并结合定点调查，利用 ERDAS 软件对遥感影像进行分类。对每景遥感影像的解译结果通过误差矩阵（error matrix）进行总体精度（overall accuracy）验证，并在去除碎点后统计各土地覆被类型的面积。鉴于 Landsat 5 TM 数据空间分辨率较低，在采用该数据进行湿地面积和水位的分析时，会对结果的精确性产生一定影响，结合高分一号数据解译结果、实地调查数据和局部区域的地形测量数据，对 Landsat 5 TM 的解译结果进行优化，减少其解译误差。

表 3.4　菜子湖遥感影像筛选及对应水位情况

卫片日期	影像	产品类型	水位/m	解译水位/m
2015-01-22	高分一号	2 m 全色/8 m 多光谱	6.97	6.97
2013-12-29	高分一号	2 m 全色/8 m 多光谱	7.05	
2015-12-16	高分一号	2 m 全色/8 m 多光谱	7.54	7.50
2009-05-03	Landsat 5 TM	30 m 多光谱	8.08	8.10
2009-11-03	Landsat 5 TM	30 m 多光谱	8.60	8.60

根据解译结果（图 3.12）：6.97 m 水位时，水域面积为 11 497.0 hm^2，泥滩地面积为 6 057.6 hm^2，草本沼泽面积为 4 460.9 hm^2，水稻田面积为 1 851.2 hm^2[图 3.12（a）]；7.5 m 水位时，水域面积为 12 591.8 hm^2，泥滩地面积为 5 229.5 hm^2，草本沼泽面积为 4 214.6 hm^2，水稻田面积为 1 838.4 hm^2[图 3.12（b）]；8.1 m 水位时，水域面积为 13 012.8 hm^2，泥滩地面积为 5 039.0 hm^2，草本沼泽面积为 4013.5 hm^2，水稻田面积为 18 16.4 hm^2[图 3.12（c）]；8.6 m 水位时，水域面积为 14 432.7 hm^2，泥滩地面积为 4 218.3 hm^2，草本沼泽面积为 3 469.1 hm^2，水稻田面积为 12 778.7 hm^2[图 3.12（d）]。

候鸟越冬期菜子湖水位上升引起泥滩地和草本沼泽湿地出露面积减少，水域面积增加。相较于 6.97 m 水位，候鸟越冬期水位上升到 7.5 m 时，泥滩地出露面积减少 828.1 hm^2，减幅 13.7%，草本沼泽出露面积减少 246.3 hm^2，减幅 5.5%。水位从 7.5 m 进一步上升到 8.1 m 时，相较于 6.97 m 水位，泥滩地出露面积减少 1 018.6 hm^2，减幅 16.8%，草本沼泽出露面积减少 447.4 hm^2，减幅 10.0%。水位从 8.1 m 进一步上升到 8.6 m 时，相较于 6.97 m 水位，泥滩地出露面积减少 1 839.3 hm^2，减幅 30.4%，草本沼泽出露面积减少 991.8 hm^2，减幅 22.2%。

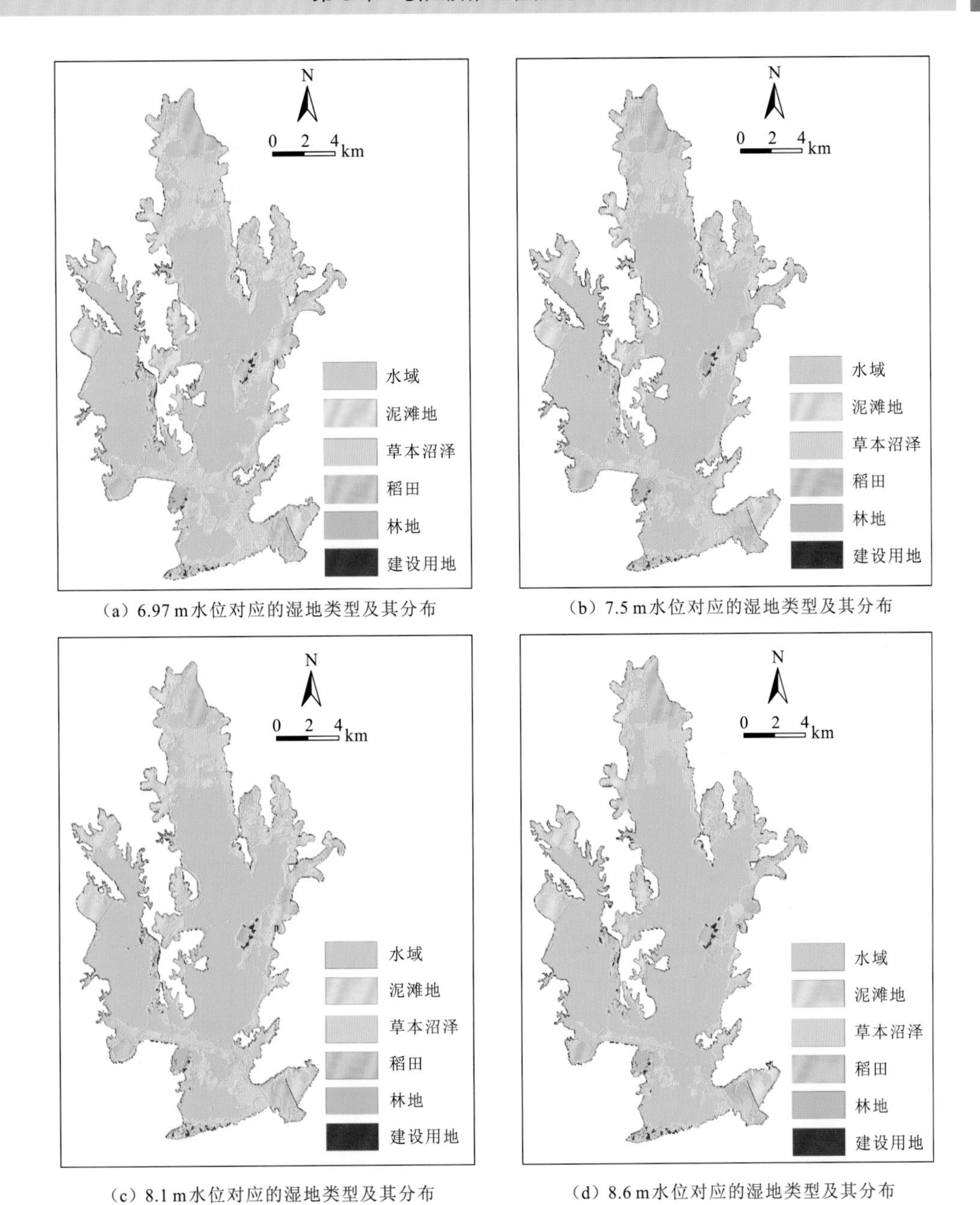

（a）6.97 m水位对应的湿地类型及其分布

（b）7.5 m水位对应的湿地类型及其分布

（c）8.1 m水位对应的湿地类型及其分布

（d）8.6 m水位对应的湿地类型及其分布

图3.12　不同水位对应的湿地类型及其分布

为量化菜子湖主要湿地类型与水位变化的动态响应关系，在上文解译结果的基础上，进一步对9.60 m水位对应的遥感解译数据（Landsat 7 ETM，2015年9月）进行解译。根据解译结果，水位9.60 m时，水域面积为1 5971.6 hm^2，泥滩地面积为3 865.2 hm^2，草本沼泽面积为2 354.2 hm^2。根据不同水位对应的主要湿地类型的面积，采用SPSS16.0和Sigmaplot10.0 软件进行数据分析和作图。以水位作为自变量、主要湿地类型（水域、草本沼泽、泥滩地）的面积作为因变量，分别拟合各湿地类型的面积与水位的回归关系，并筛选出拟合度最好且具有生态学意义的回归模型。曲线估计结果表明对水位变化和水域[图 3.13（a）]、泥滩地[图 3.13（b）]和草本沼泽面积[图 3.13（c）]关系解释能力最强的均为二次方程。3 种湿地类型与水位之间具有极显著（$p<0.01$）或显著（$p<0.05$）的关系，且回归方程的决定系数 R^2 均在 0.97 以上（图 3.13）。候鸟越冬期湿地出露与水位变化密切相关，水位变化会引起菜子湖泥滩地和草本沼泽湿地出露面积的变化。

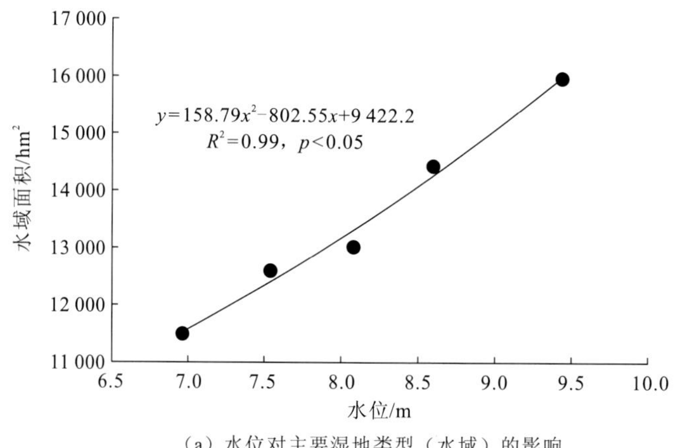

（a）水位对主要湿地类型（水域）的影响

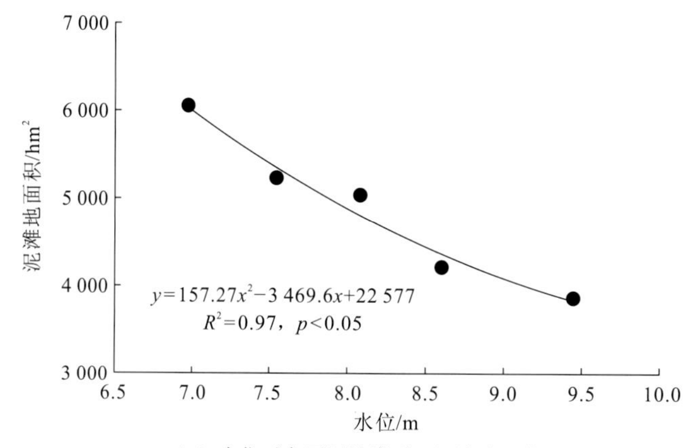

（b）水位对主要湿地类型（泥滩地）的影响

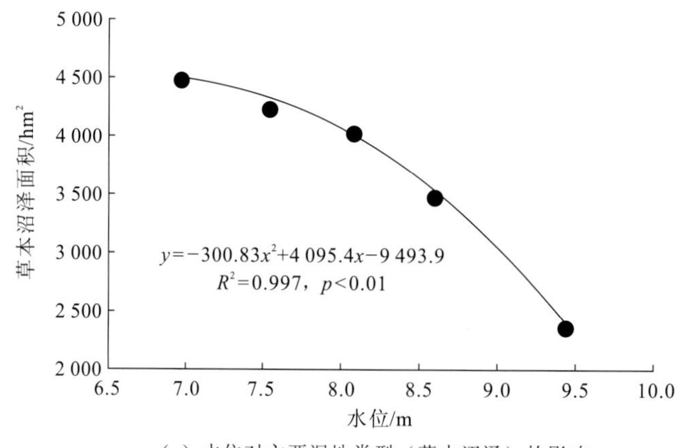

（c）水位对主要湿地类型（草本沼泽）的影响

图 3.13　主要湿地类型对水位变化的动态响应

以水位变化与湿地类型出露面积关系为核心，将水位变化、湿地动态及水鸟栖息地关联，选取 6.97 m 水位对应的遥感影像结果作为湿地出露情况现状，然后对 7.5 m、8.1 m 和 8.6 m 水位对应的遥感影像进行解译，定量化分析水位变化与湿地类型的相互关系，并在此基础上探讨湿地类型变化对冬候鸟栖息地和水鸟种群数量的影响。

菜子湖区不同鸟类占据不同生态位。菜子湖分布的几种国家重点保护水鸟对湖周泥滩地、草本沼泽和浅水水域的依赖性均较强。随着菜子湖沉水植物如苦草等分布面积缩小和食物可利用资源的减少，水稻田成为白头鹤重要觅食地之一，白头鹤种群主要分布在梅花团结大圩、双兴村、先让村等区域。菜子湖是白鹤迁徙过程中重要的停歇地和觅食地。菜子湖区白鹤种群数量较少（10 只左右），偶见于梅花团结大圩—双兴村的草本沼泽和先让村的东风圩—三角圩等地。菜子湖区东方白鹳种群数量在 23～263 只范围内波动，主要分布于石会村、先让村、塔嘴村以及白兔湖北部的梅花团结大圩—双兴村一带的草本沼泽和泥滩地。在车富村、塔嘴村、珠檀村和嬉子湖的高赛村附近的滩涂也有少量分布。小天鹅在菜子湖区主要的栖息和觅食范围为近岸的浅水区，在周边的浅滩也偶有分布，主要分布区在小龙山村、梅花团结大圩、先让村等地，在车富村、高赛村等地也有少量种群分布。白琵鹭在菜子湖区主要的栖息和觅食范围为近岸的浅水区及围埂，主要分布于先让村和马安村、车富村、松山村、塔嘴村等地，也有少量种群分布于嬉子湖的高赛村和菜子湖的石会村。大白鹭在菜子湖区分布范围很广，如松山村、珠檀村、先让村、车富村以及梅花团结大圩等地。鸿雁在菜子湖区主要的栖息生境为浅水区域以及水域交界处的草滩，在泥滩地或浅水区中掘取苦草的地下根茎或者以莎草科的叶、芽及藕草为食，也常到梅花团结大圩等收割的稻田中觅食，主要分布于梅花团结大圩—双兴村、先让村—马安村、车富村以及嬉子湖的黄盆村—高赛村一带。豆雁主要分布在菜子湖区梅花团结大圩的稻田至双兴村一带的草滩、车富村及其附近的草滩和收割的稻田、先让村到马安村防洪堤内的草滩及嬉子湖的黄盆村至高赛村附近。

候鸟越冬期菜子湖泥滩地和草本沼泽出露，滩涂湿生植被得以发育（优势种为陌上菅，主要伴生种有肉根毛茛和朝天委陵菜），为水鸟提供了重要的栖息地和觅食地。滩涂、水域上啄取和挖掘的水鸟涉及涉禽和游禽 2 个生态类型的众多水鸟，包括白头鹤、东方白鹳、苍鹭、大白鹭、鸿雁、豆雁、白琵鹭、小天鹅等。候鸟越冬期菜子湖泥滩地和草本沼泽面积与水位之间具有极显著的负相关关系。水位上升到 7.5 m 时，菜子湖将减少约 13.7%的泥滩地和 5.5%的草本沼泽湿地。水位上升到 8.1 m 时，菜子湖将减少约 16.8%的泥滩地和 10.0%的草本沼泽湿地。水位进一步上升到 8.6 m 以上时，菜子湖将减少约 30.4%的泥滩地和 22.2%的草本沼泽湿地。泥滩地和草本沼泽湿地的减少，造成白头鹤、白鹤、东方白鹳、白琵鹭、大白鹭等重要水鸟栖息和觅食范围缩小，影响其栖息和觅食。候鸟越冬期水位长期维持在 8.6 m 及以上将造成较大面积和比例的泥滩湿地和草本沼泽湿地淹没，滩涂湿生植被生长和发育受到影响，对水鸟的栖息环境、食物源和食物可及性产生不利影响，尤其是影响到挖掘啄取集团和浅水取食集团的水鸟，不利于越冬候鸟生境的保护。但对于 7.5 m 和 8.1 m 水位来说，其淹没面积和比例相对较小，但水位长期维持在 7.5 m 和 8.1 m，会影响水位的波动过程，增加水鸟觅食的难度。

2. 对湿地植物的影响

菜子湖植被分布格局为：中部水位较深的区域以眼子菜群丛、黑藻群丛等沉水植物群落和细果野菱群丛等根生浮叶植物群落为主；靠近岸边的浅水区以菰群丛、红蓼+酸模叶蓼群丛等挺水植物群落和荇菜群丛等根生浮叶植物群落为主；湖滩以陌上菅群丛、朝天委陵菜群丛、肉根毛茛群丛为优势的湿生植物群落为主。菜子湖候鸟越冬期水位上升，不同生活型湿地植被分布区域及分布面积均会发生一定程度的变化，菜子湖不同水位湿地植被分布情况见图 3.14。

比较调水前后菜子湖全年逐月平均水位可以看出，菜子湖丰、枯水位变化节律未发生改变，从湿生优势植物生长现状来看，陌上菅群丛、朝天委陵菜群丛、肉根毛茛群丛及虉草群丛都能利用根部营养物质进行繁殖，大多能在洪水到来前完成有性繁殖。每年 6～7 月湖水上涨，四种植物均被淹没，停止生长；10 月湖水退去后又开始发芽，冬天气温低几乎停止生长。调水后菜子湖丰、枯水位变化节律基本与现状同步，因此调水情景下枯水期水位按不超过 7.5 m 控制时，7.5 m 以上的湿生植物优势种可以完成其生活史。调水情景下枯水期水位按不超过 8.1 m 控制时，高程 8.1 m 以上的湿生植物优势种可以完成其生活史；8.1 m 水位以下区域由泥滩地、草滩变为了水深为 1.2 m 以内的水域，包括浅水区（水深＜50 cm）。因此，枯水期水位维持在 6.9 m 左右对于湿地植物的生长较为有利。

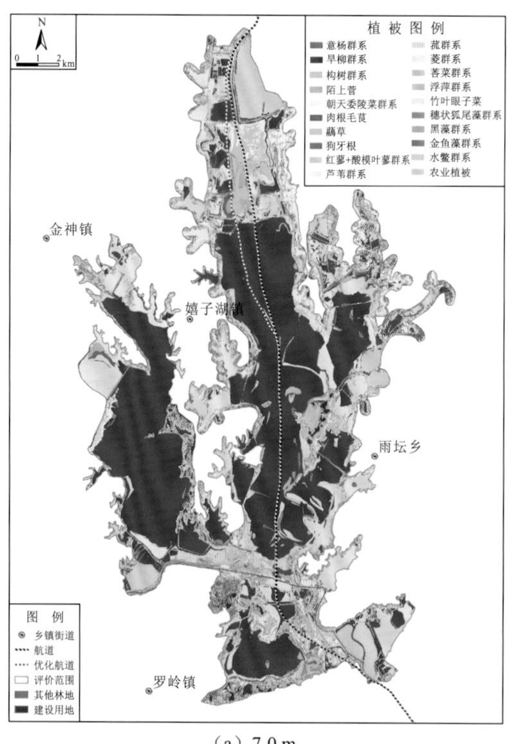

（a）7.0 m

（b）7.2 m

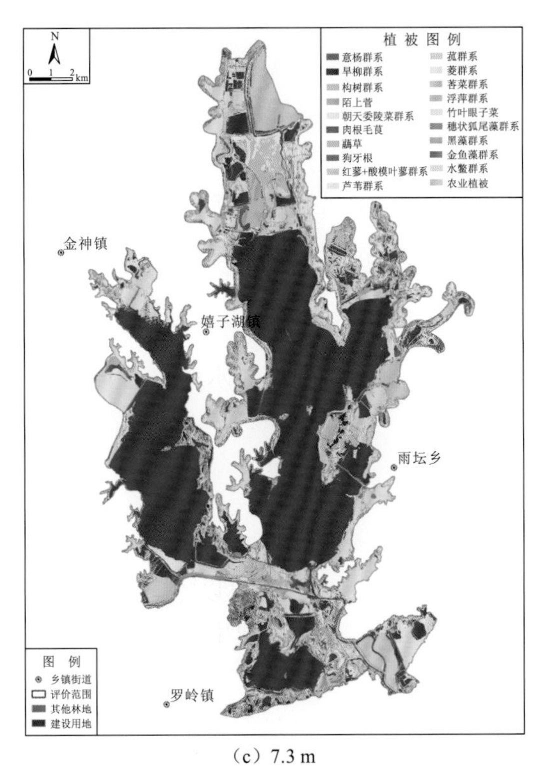

（c）7.3 m

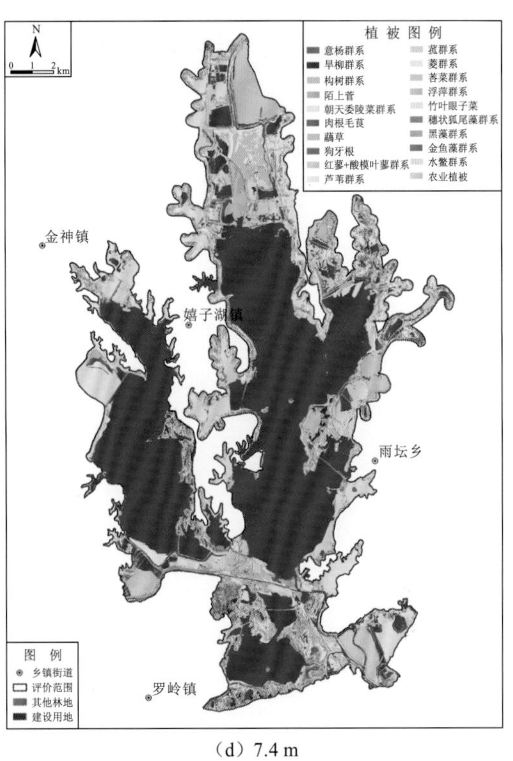

（d）7.4 m

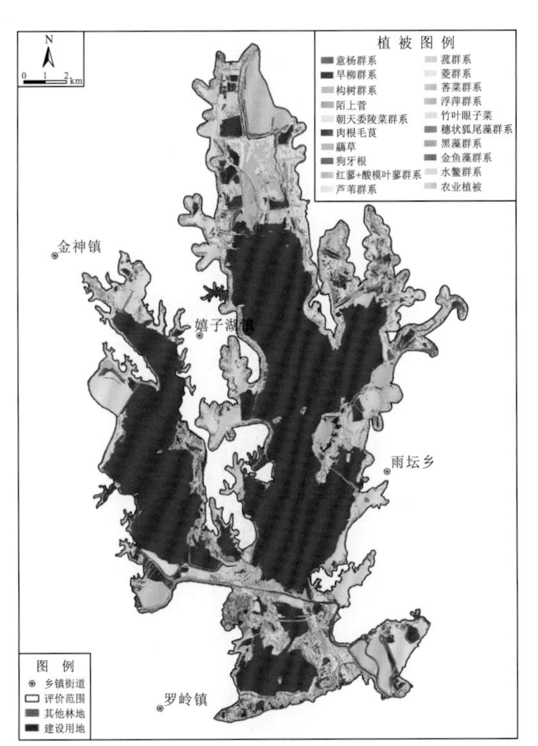

（e）7.5 m

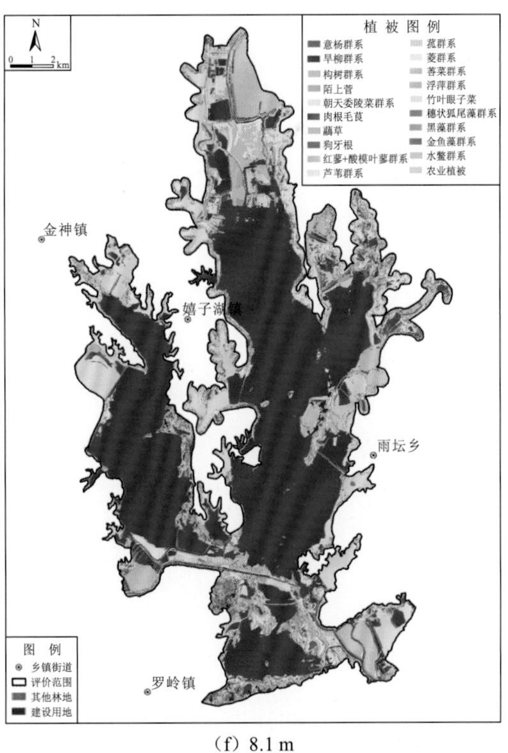

（f）8.1 m

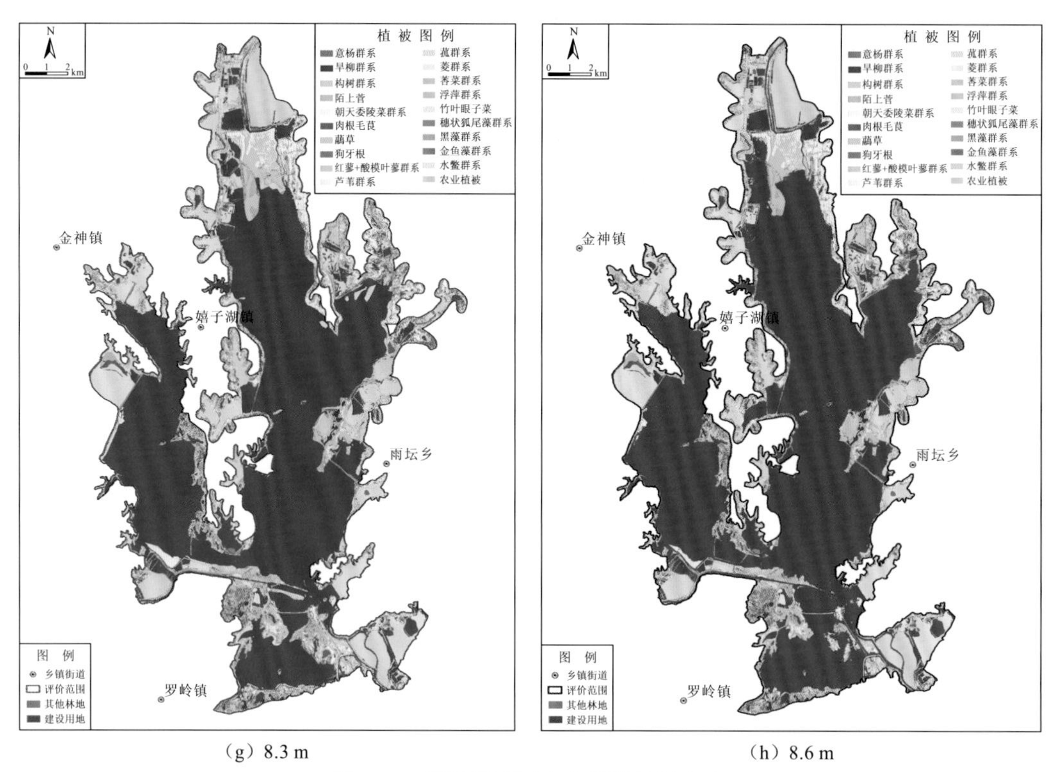

（g）8.3 m　　（h）8.6 m

图 3.14　菜子湖不同水位湿地植被分布

从调水影响下水位变化的角度分析，调水影响下丰、枯水位节律基本与工程运行前保持一致：每年 3 月下旬开始水位渐次上升，7 月下旬至 8 月上旬水位升至全年最高水位，9～11 月间菜子湖水位渐次下降，12 月至次年 3 月中上旬水位降至一年中的最低水位。调水后，菜子湖 3 月下旬至 11 月水位变化与工程建设前水位变化一致，12 月至次年 3 月中上旬，菜子湖区不同典型年水位有一定抬升。

调水情景下枯水期水位按不超过 7.5 m 水位控制时，菜子湖不同典型年冬候鸟越冬期 11 月至次年 3 月水位抬升幅度较小，对菜子湖湿地植被影响有限。调水情景下枯水期水位按不超过 8.1 m 水位控制时，不同典型年候鸟越冬期水位较现状有一定抬升。因此，调水影响下，在菜子湖 9 月至 11 月下旬水位下降至一年中的最低水位前，其湿地植物基本维持原有生长节律及出露范围。调水前，菜子湖候鸟越冬期 11 月下旬水位会进一步下降至枯水期多年平均最低水位 6.87 m。但调水后按不超过 8.1 m 控制时，工程实施后菜子湖候鸟越冬期 11 月下旬水位下降至 7.5～8.1 m 后基本维持此水位不变。工程实施对菜子湖湿地植物生长影响时段在 11 月至次年 3 月，主要影响 6.9～8.1 m 水位 10.2%～13.9% 的泥滩地和草本沼泽湿地的晒滩和露滩过程，从而影响此区带间的湿地植物生长和发育及物质循环，对湿地植被面积、生物量等产生不利影响。

3. 对重要湿地的影响

1）对安徽安庆沿江湿地省级自然保护区菜子湖片区的主要影响

（1）对保护区结构和功能的影响。规划水平年2030年，候鸟越冬期菜子湖区水位按不高于7.5 m控制，保护区内洲滩和草本沼泽等鸟类生境最大损失面积870 hm^2，最大减幅13.8%。规划水平年2040年，候鸟越冬期菜子湖区水位按不高于8.1 m控制，保护区内洲滩+草本沼泽等鸟类生境最大损失面积1 028 hm^2，最大减幅16.3%。泥滩地和草本沼泽损失涉及植被类型主要为陌上菅群丛、朝天委陵菜群丛、肉根毛茛群丛、菱群丛、荇菜群丛、马来眼子菜群丛、黑藻群丛，将导致白头鹤等水鸟的部分食物来源减少。

（2）对保护对象的影响。候鸟越冬期水鸟聚集期间，菜子湖区水位较现状有一定程度的抬升，将导致水鸟所依赖的栖息生境和部分食物来源（苦草块茎、马来眼子地下茎等）受到损失。保护区内3个水鸟集中分布区中，先让村—马安村和车富村外围均有圩堤，规划水平年2030年泥滩地和草本沼泽最大损失面积分别约为92 hm^2和48 hm^2，2040年泥滩地和草本沼泽最大损失面积分别约为300 hm^2和75 hm^2，涉及植被类型主要为陌上菅群丛、藨草群丛，对冬候鸟类生境面积和食物来源影响较小。梅花团结大圩—双兴村片区地势相对较高，2030年泥滩地和草本沼泽最大损失面积约99 hm^2，2040年泥滩地和草本沼泽最大损失面积约180 hm^2，涉及植被类型主要为陌上菅群丛、肉根毛茛群丛，对白头鹤等冬候鸟类的生境面积和食物来源有较小程度的不利影响。

2）对安徽安庆菜子湖国家湿地公园的主要影响

规划水平年2030年，候鸟越冬期菜子湖区水位按不高于7.5 m控制，菜子湖湿地公园内洲滩和草本沼泽等鸟类生境最大损失面积142.4 hm^2，最大减幅6.1%。规划水平年2040年，候鸟越冬期菜子湖区水位按不高于8.1 m控制，菜子湖湿地公园内洲滩和草本沼泽等鸟类生境最大损失面积332.5 hm^2，最大减幅14.3%。泥滩地和草本沼泽损失涉及植被类型与安庆沿江湿地省级自然保护区菜子湖片区基本一致。

3）对安徽桐城嬉子湖国家湿地公园的主要影响

规划水平年2030年，候鸟越冬期菜子湖区水位按不高于7.5m控制，嬉子湖湿地公园内洲滩和草本沼泽等鸟类生境最大损失面积61.8 hm^2，最大减幅3.3%。规划水平年2040年，候鸟越冬期菜子湖区水位按不高于8.1 m控制，嬉子湖湿地公园内洲滩和草本沼泽等鸟类生境最大损失面积105.3 hm^2，最大减幅5.5%。工程运行对嬉子湖湿地公园总体不利影响较小。

3.2.4 湿地生态保护对策措施

1. 湿地生态修复

为满足鸟类生境需求，补偿由于枯水期水位升高导致的洲滩和草本沼泽损失，拟通过适当改造菜子湖地形，抬高局部区域高程，对其进行生境改造和修复，稳定枯水期泥滩地和草本沼泽面积，以维持菜子湖区珍稀越冬候鸟栖息地；同时，通过植被搭配、植物种植，修复或重建菜子湖湿地生物群落，改善地形改造区域、湖滨带和浅水区域湿地结构与功能，维持菜子湖区冬候鸟栖息和觅食环境。

2. 鸟类投食

根据菜子湖区重要越冬候鸟的种群分布、生境选择和利用、食性等特征，在适宜的地点定期投放鸟食如草籽、作物种子、鱼类、虾类等可帮助越冬候鸟度过食物短缺时期。投食以玉米、谷物等为主，植物根茎和鱼虾苗等为辅。

3. 实施退田还湖

采用自然修复与工人修复相结合的手段，在菜子湖区有针对性地实施退田还湖措施。

4. 水位优化调控

在综合考虑菜子湖水位抬升、滩涂出露变化节律、越冬候鸟生境需求的基础上，尽量减小菜子湖水位抬升对湿地植被和鸟类生境的影响。规划水平年 2030 年，根据不同年份来水、湿地植被修复及越冬候鸟食物资源分布等情况，结合相关研究成果，对冬候鸟越冬期水位进行动态调控，但原则上按不超过 7.5 m 调控，以尽量减少水位抬升对越冬候鸟觅食和栖息的影响；规划水平年 2040 年，根据相关研究成果和湖泊湿地生态修复情况，越冬期水位暂按不超过 8.1 m 的总体原则进行动态调控。

5. 加强渔业管理

逐步转化渔业养殖模式，取缔网箱养殖和围网养殖。

6. 加强湿地管理

通过在周边居民区张贴海报和发放宣传资料等方式，提高周边居民的环保意识，减小保护区人为干扰强度。同时，配备高位望远镜以及野外拍摄和调查设备等，加强湿地管理能力建设。

7. 加强湿地监测

依据生态学原则、代表性原则、均匀分布原则、有效性原则、无干扰原则等，在菜子湖区布设监测点位进行监测。①监测菜子湖滩地和草本沼泽出露情况以及湿地植被组成情况。在菜子湖湿地生态试验修复区域开展湿地植被定位连续监测。②监测湿地内越冬候鸟种群数量、分布规律、食性及迁徙规律，对重要越冬水鸟种群数量及分布格局进行连续动态监测。在菜子湖湿地生态试验修复区域开展越冬水鸟连续监测。湿地植被监测以实地调查为主，结合遥感监测；湿地鸟类以定位观测法为主，结合样线观测。

参 考 文 献

安庆市林业局, 2001. 安庆沿江湿地科学考察报告[R]. 安庆: 安庆市林业局.

柏晶晶, 2019. 菜子湖湿地维管植物资源调查与分析[D]. 合肥: 安徽农业大学.

长江水资源保护科学研究所, 2016. 引江济淮工程环境影响报告书[R]. 武汉: 长江水资源保护科学研究所.

环境保护部办公厅, 2011. 地表水环境质量评价办法(试行)[R]. 北京: 环境保护部.

高攀, 周忠泽, 马淑勇, 等, 2011. 浅水湖泊植被分布格局及草-藻型生态系统转化过程中植物群落演替特征: 安徽菜子湖案例[J]. 湖泊科学, 23(1): 13-20.

刘全美, 程必胜, 祖国掌, 2011. 泊湖优质沉水植物的移植扩繁效果研究[J]. 安徽农业科学, 39(36): 22353-22355.

吴中华, 2005. 竞争对水生浮叶植物群落关键种、冗余种和资源配置的影响[D]. 武汉: 武汉大学.

张聪, 2012. 杭州西湖湖西区沉水植物群落结构优化研究[D]. 武汉: 武汉理工大学.

朱文中, 周立志, 2010. 安庆沿江湖泊湿地生物多样性及其保护与管理[M]. 合肥: 合肥工业大学出版社.

【第4章】

华阳河蓄滞洪区湿地生态影响分析

4.1 基本特征

4.1.1 工程特征

华阳河蓄滞洪区位于长江中下游左岸，涉及安徽省安庆市和湖北省黄冈市。根据国务院批复的《全国蓄滞洪区建设与管理规划》和《长江流域防洪规划》，其工程任务是遇 1954 年洪水，在充分发挥三峡水库拦蓄洪水作用的情况下，与康山、珠湖、黄湖、方州斜塘等蓄滞洪区共同滞蓄湖口附近区 50 亿 m^3 的超额洪量，其中华阳河蓄滞洪区承担 25 亿 m^3 的分洪量，是国家近期安排建设的蓄滞洪区之一（中华人民共和国水利部，2009；水利部长江水利委员会，2008）。

华阳河蓄滞洪区实际范围为西起湖北省八一大堤（西隔堤），东至安徽省合成圩西堤（新东隔堤），南起同马大堤和黄广大堤，北至北部丘陵岗地蓄洪水位以下区域。蓄滞洪区建设工程内容包括进洪闸、退洪闸和节制闸等分洪控制工程以及安全区围堤工程、穿堤建筑物、转移道路及桥梁、机电保护等安全设施建设工程。通过建设分洪控制工程，华阳河蓄滞洪区能适时适量运用，达到保障长江中下游重点地区防洪安全的目的；进行安全设施建设，将蓄滞洪区内的人口、房屋、主要财产和大部分农田保护起来，尽可能做到分洪时只淹没湖区，而人口、房屋和主要财产能得到有效保护，为蓄滞洪区安全、有效地实施分蓄洪水创造条件。

华阳河蓄滞洪区内建设刘佐、独山、孚玉、复华、九成、杨湾和徐桥 7 个安全区，总面积 385.76 km^2。安全区围堤总长度 137.06 km，其中新建堤防长度 11.548 km，加固堤防长度 125.512 km；新建硬护坡长度 137.06 km；软基处理 85.56 km；堤基防渗 19.2 km，均为水泥土防渗墙；填塘固基 81.47 万 m^2；7 处安全区新建、重建泵站 38 座，其中大型泵站 2 座，包括新建华阳河泵站和杨湾河泵站，合计设计流量 190 m^3/s，中小型泵站 36 座，设计流量 241.64 m^3/s，新建和重建穿堤涵闸 36 座，合计排涝设计流量 280.06m^3/s；水系恢复新挖渠道 40 km；新建程营进洪闸 1 座，设计流量 8 000 m^3/s；新建杨林退洪闸 1 座，设计流量 800 m^3/s；新建节制闸 2 座（杨湾河节制闸 615 m^3/s，华阳河节制闸 240 m^3/s）；转移道路 51 条共 268.71 km 等。

4.1.2 自然概况

1. 地形地貌

华阳河蓄滞洪区北部为大别山南麓边缘丘陵岗地区，南部长江由西南向东北呈藕节状流经工程区，地势北高南低。北部丘陵岗地高程为 15.0～20.0 m；南部由龙感湖、大官湖、黄湖、泊湖及靠黄广大堤、同马大堤抵挡江水的沿江圩垦区（长江中下游一级阶地）组成，阶地地面高程一般为 10.0～15.0 m，阶地前缘略高于后缘。前缘与长江河漫滩相接，地面高程一般为 13.0～15.0 m；后缘与湖泊相连，地形平坦开阔，阶面宽一般为 5～10 km，地面高程为 10.5～12.5 m，局部沟渠最低可达 8.0 m。

北部山区拟加固堤防多沿山溪性河流修建，河道较为顺直，堤外河漫滩较窄，宽度多为 10～20 m，少数可达 30 m。外滩高程为 11.0～13.0 m，堤内高程为 14.0～16.0 m，局部山冈可到 25 m 以上。堤内沟渠、渊塘较少有分布，仅在孚玉安全区的二郎河下游古河道多有发育，宽度约为 15 m，深度为 2 m。

南部平原区拟加固堤防多沿湖（河）修建，湖堤外多分布宽 25～75 m 的漫滩，部分无外滩或为 100～200 m 的较宽外滩。滩面高程多与堤内高程相近，高程约 10 m，外滩亦多有水塘分布。堤内沟渠发育，多为前期堤防取土后改造成的农用沟渠，少为渊塘，宽度多为 7～15 m，沟深为 1～2 m。

流域地面高程在 18 m 以下的属平原湖区，面积 2 871.4 km^2，占总面积的 52.1%；18～48 m 属丘陵区，面积为 1 563.8 km^2，占总面积的 28.4%；48 m 以上属山区，面积为 1 076.2 km^2，占总面积 19.5%。

2. 气候

华阳河蓄滞洪区处于亚热带季风气候区，四季分明，气候温和，光照充足，受海洋和内陆的冷暖气流交汇影响，雨量充沛，但降雨的时空分布不均，每年 4～10 月降雨量占全年总雨量的 70%～80%，尤以 5～8 月最为集中，占全年的 50%～60%。根据武穴、田祥嘴、下仓埠、望江、石龙庵、宿松、黄梅等站 1951～2012 年多年平均降水资料统计：各站多年平均降水量为 1 339 mm；历年年最大降水量为 2 382 mm，发生在 1954 年；历年年最小降水量为 895 mm，发生在 1978 年。

3. 水文水环境特征

1）水文

（1）水系概况。华阳河为长江一级支流，发源于湖北省武穴市横岗山，河流上游流向由北向南，然后由西向东，至华阳闸入长江，全长 186 km。流域总面积 5 511.4 km^2，其中湖北省 2 553.2 km^2，安徽省 2 958.2 km^2。华阳河流域地势西北高、东南低。流域中部由港道连接着众多的湖泊，将流域分为南北两部分，北部为山丘和大小不等的汊湾地区，南部为由南向北朝湖泊倾斜的平原滩地。

①北部入湖河流。华阳河从西到东，陆续有黄梅河、二郎河、凉亭河等山溪性河流注入，其中湖北省境内黄梅河注入龙感湖、安徽省境内二郎河注入龙感湖、凉亭河注入泊湖。②中部湖泊群。中部湖泊群之间有的湖湖相连，有的湖港相通。中华人民共和国成立初期，华阳河流域内原有湖泊总面积 1 498 km^2，后受不同程度的围垦，现主要为龙感湖、大官湖、黄湖、泊湖等。筑墩港连接龙感湖和大官湖，长河及老婆湾沟通黄湖和

泊湖，当水位为 13.1 m 时，龙感湖、大官湖、黄湖和泊湖的总面积为 910.63 km^2。一般在 5～10 月汛期长江水位高于湖泊水位时，湖水无法外排，湖泊就成为蓄纳流域内径流的天然水库。待汛后长江水位退落，湖水将注入长江。③南部通江水道。南部平原滩地区港河、沟渠发育，原多为长江支流及湖汊，后期经人工改造呈断续分布。区内较为完整的连通湖区与长江的地表水系分别为杨林河、杨湾河、华阳河。其中 1956 年杨湾河、华阳河相继修建杨湾闸和华阳闸；1969 年在杨林河上修建了杨林闸，1998 年汛期杨林闸因严重渗漏危及长江干堤（同马大堤）安全，为保证同马大堤安全，对杨林闸实施了封堵。华阳河、杨湾河是目前连通华阳河湖泊群与长江的主要水系，湖泊与长江的连通受华阳闸和杨湾闸控制。

（2）特征水位。华阳河蓄滞洪区及附近区域水文站有宿松站、官桥站，水位站有下新站（龙感湖）、白湖渡站（太白湖）、下仓埠站（大官湖）及田详咀站（泊湖）。华阳河流域洪水由降水形成，湖水位的涨落除与降雨有关外，还与华阳闸、杨湾闸等的调度运用有关。目前华阳河湖泊群水利工程调度运行主要依据大官湖下仓埠站水位进行控制，湖区汛限水位为 9.98 m（1985 国家高程基准，下同），正常蓄水位 10.18 m，警戒水位 13.68 m，保证水位 15.15 m。

据大官湖下仓埠水位站 1951～2012 年多年实测资料统计，历年最高水位为 19.19 m（1954 年 7 月 31 日），历年最低水位为 9.36 m（2004 年 4 月 8 日）。年最高水位一般出现在 7～9 月内。现状条件下，仓埠水位站 1954～2016 年汛期最高水位在 10.68～19.19 m 变化，其中 1954 年汛期最高水位为 19.19 m，1978 年汛期最高水位仅为 10.68 m，二者相差 8.51 m。

流域内汛期一般为 4～10 月，根据目前湖区调度运行情况和设计情况，湖区汛限水位为 9.98 m（杨湾闸调度规程），在汛初需将黄湖、大官湖等湖泊水位降至汛限水位 9.98 m，以迎接区内涝水，外江水位低于内湖水位时，开闸抢排，尽量将水位降至汛限水位 9.98 m。根据 2000～2019 年华阳闸启闭情况统计，近 20 年间华阳闸每年开闸天数在 91～278 d，年平均开闸天数约 199.4 d。根据 2013～2019 年杨湾闸启闭情况统计，杨湾闸每年开启的天数在 92～222 d，年平均开闸天数约 160 d。

2）水环境

（1）河流水质。根据长江干流刘佐断面（鄂皖省界）2018 年 2 月、7 月、9 月、11 月以及前江口断面和皖河口断面 2018 年 2 月、9 月、11 月的监测资料，对 pH、溶解氧、高锰酸盐指数、五日生化需氧量、氨氮、总磷、铜、锌、氟化物、硒、砷、汞、镉、六价铬、铅、氰化物、挥发性酚、石油类、阴离子表面活性剂、硫化物 20 项指标进行评价：刘佐断面各月水质均达到 III 类或 II 类标准；前江口和皖河口断面水质均达到 II 类标准；长江干流各断面水质均满足管理目标要求。

根据华阳河入江口断面 2018 年 2 月、9 月、11 月和二郎河入湖口 2018 年 2 月、7 月、10 月的监测资料：华阳河入江口断面 2018 年 2 月、9 月、11 月水质均为 II 类；二郎河入湖口 2018 年 2 月水质为 III 类，超标项目为氨氮（超标倍数 0.64）和总磷（超标倍数 0.1)，7 月、10 月水质均为 II 类。

(2) 湖泊水质。华阳河蓄滞洪区内主要湖泊有龙感湖、大官湖、黄湖、泊湖。根据蓄滞洪区内主要湖泊 2018 年水质监测资料，对 pH、溶解氧、高锰酸盐指数、生化需氧量、化学需氧量、氨氮、总氮、总磷、铜、锌、氟化物、硒、砷、汞、镉、六价铬、铅、氰化物、挥发酚、石油类、阴离子表面活性剂、硫化物 22 项指标进行评价，其中龙感湖、大官湖、黄湖三个测点为国控点位。

龙感湖水质为 IV～V 类，主要超标指标为总磷、总氮、高锰酸盐指数、溶解氧。龙感湖进入大官湖的入水口水质为 III～IV 类，主要超标项目为总磷。

大官湖 2018 年 1 月水质为 IV 类，超标项目为总磷，其他各月均达到 III 类。黄湖 2018 年 1 月水质为 V 类，超标项目为总磷，其他各月均达到 III 类。黄湖通泊湖出水口各月水质均达到 III 类。泊湖 2018 年 1 月水质为 III 类，5 月水质为 V 类，超标项目均为总氮。

根据评价结果分析，华阳河蓄滞洪区内湖泊水质均有不同程度超标，其中龙感湖水质超标较为明显。湖泊水质不达标的主要原因是区域人口密度大、农业人口比重高和耕地面积范围广导致的农村农业面源污染负荷较高，且面源污染尚未得到整体控制。

4.1.3 生态环境

1. 湿地植物多样性

1) 湿地植被

华阳河蓄滞洪区位于我国两湖平原的栽培植被、水生植被区，区域气候温暖，水系发达，沼泽和水生植被发育良好，面积较大，植被类型多样。根据《华阳河蓄滞洪区建设工程环境影响报告书》(长江水资源保护科学研究所，2020)，蓄滞洪区范围内湿地植被主要包括 2 个植被型、30 个群系，详见表 4.1。

表 4.1 华阳河蓄滞洪区主要湿地植被类型及分布

植被型	群系中文名	群系拉丁名	分布
沼泽	1. 芦苇群系	From.*Phragmites australis*	蓄滞洪区内各地均有较广泛分布
	2. 菰群系	From.*Zizania latifolia*	下新镇、佐坝乡、千岭乡、长岭乡、杨湾镇等地
	3. 陌上菅群系	From.*Carex thunbergii*	华阳河湖泊群湖滩涂区域广泛分布
	4. 白茅群系	From.*Imperata cylindrica* var. *major*	华阳河湖泊群湖滩涂区域广泛分布
	5. 狗牙根群系	Form. *Cynodon dactylon*	湖周广泛分布
	6. 水烛群系	From.*Typha angustifolia*	蓄滞洪区内各地均有较广泛分布
	7. 灯心草群系	From.*Juncus effusus*	徐岭镇、徐桥镇、大石乡等地
	8. 喜旱莲子草群系	From.*Alternanthera philoxeroides*	蓄滞洪区内各地均有较广泛分布

续表

植被型	群系中文名	群系拉丁名	分布
沼泽	9. 香蒲群系	Form.*Typha orientalis*	龙感湖等区域
	10. 长芒稗群系	Form.*Echinochloa caudata*	龙感湖、大官湖、黄湖等区域广泛分布
	11. 双穗雀稗群系	Form.*Paspalum paspaloides*	龙感湖、大官湖、黄湖沿岸滩涂区域广泛分布
	12. 假稻群系	Form.*Leersia japonica*	龙感湖、大官湖、黄湖沿岸滩涂区域广泛分布
	13. 蓼子草群系	Form. *Polygonum criopolitanum*	龙感湖、大官湖、黄湖沿岸滩涂区域广泛分布
	14. 黄花蒿群系	Form. *Artemisia annua*	龙感湖、大官湖、黄湖沿岸滩涂区域广泛分布
	15. 红蓼群系	Form.*Polygonum orientale*	龙感湖、大官湖、黄湖沿岸滩涂区域广泛分布
	16. 虉草群系	Form.*Phalaris arundinacea*	杨湾镇、复兴镇、汇口镇等地江边
水生植被	17. 水鳖群系	Form.*Hydrocharis dubia*	龙感湖、龙湖、大官湖、黄湖等地浅水区
	18. 荇菜群系	Form.*Nymphoides peltatum*	龙感湖等地
	19. 菱群系	Form. *Trapa bispinosa*	湖周边缘和湖面浅水区广泛分布
	20. 莲群系	Form.*Nelumbo nucifera*	湖周边缘和湖面浅水区广泛分布
	21. 水蓼群系	Form.*Polygonum hydropiper*	湖周边缘和湖面浅水区广泛分布
	22. 芡实群系	Form.*Euryale ferox*	龙湖、大官湖、黄湖等地
	23. 槐叶苹群系	From.*Salvinia natans*	龙感湖等地
	24. 菹草群系	From.*Potamogeton crispus*	龙感湖等地
	25. 穗状狐尾藻群系	Form.*Myriophyllum spicatum*	龙感湖等地
	26. 黑藻群系	Form.*Hydrilla verticillata*	龙感湖等地
	27. 小茨藻群系	Form.*Najas minor*	龙感湖、大官湖、黄湖等地
	28. 苦草群系	Form.*Vallisneria natans*	龙感湖、龙湖等地
	29. 眼子菜群系	Form. *Potamogeton distinctus*	龙感湖、大官湖、黄湖等地
	30. 金鱼藻群系	Form.*Ceratophyllum demersum*	龙感湖等地

蓄滞洪区内芦苇群系、陌上菅群系、白茅群系、喜旱莲子草群系、虉草群系、菱群系、莲群系等较为常见，广泛分布于龙感湖、大官湖、黄湖、泊湖沿岸滩涂和浅水区，多为片状或条带状。芦苇群系、陌上菅群系、菱群系、虉草群系、槐叶萍群系等通常分布面积较大。芦苇群系主要在龙感湖、大官湖、黄湖和泊湖的湖岔浅水和滩涂区；陌上菅群系占据华阳河湖群湖滩涂的大部分区域，主要分布在湖滩退水区；菱群系全湖均有分布，主要分布于湖泊水体边缘和湖面浅水区；虉草群系呈大片状分布于龙感湖、大官湖、黄湖、泊湖南部、长江沿岸滩涂区；槐叶苹适应性强，为评价区最为常见的漂浮植物之一，主要呈片状分布于龙感湖、大源湖等地；荇菜群系、菹草群系、穗状狐尾藻群系、黑藻群系、金鱼藻群系零星分布于龙感湖沿岸滩涂和浅水区。

2）湿地植物

华阳河蓄滞洪区内湿地植物共计 67 科 179 属 281 种，以蓼科、十字花科、蔷薇科、豆科、莎草科、禾本科和眼子菜科等为主。根据生活型，评价区内湿地植物可分为湿生性植物、浮叶植物、挺水植物和沉水植物四类。其中：湿生性植物以分布于湖周滩涂区域的虉草、陌上菅、双穗雀稗、灯心草、水蓼、白茅、狗牙根等为主；浮叶植物以芡实、槐叶苹、荇菜、菱、莲、眼子菜等为主；挺水植物以分布在沿湖浅水区的芦苇、菰、水烛、香蒲、酸模叶蓼等为优势种；沉水植物以马来眼子菜、黑藻、金鱼藻和菹草等为优势种。

3）重点保护野生植物

20 世纪 90 年代以来，由于地方发展经济的需要，很多湖泊被承包进行直接利用，对湖区湿地植被和植物多样性产生了明显的不利影响，部分地区湿地植被破坏较为严重。华阳河蓄滞洪区工程环评阶段，在生态调查中发现野大豆、黄梅秤锤树（陆生性植物）、细果野菱、水蕨和粗梗水蕨等重点保护野生植物。

2. 湿地动物多样性

1）湿地动物

华阳河蓄滞洪区内湿地动物主要包括两栖类、爬行类中的林栖傍水型和水栖型、鸟类中的游禽和涉禽。根据《华阳河蓄滞洪区建设工程环境影响报告书》，蓄滞洪区内湿地动物共 103 种，其中两栖类 9 种、爬行类 16 种、鸟类 78 种。

（1）两栖类。静水型有黑斑侧褶蛙、湖北侧褶蛙、沼水蛙、虎纹蛙 4 种，主要分布于评价范围内的湖泊、池塘及稻田等静水水域，与人类活动关系较密切，野外调查记录到此生活型的两栖类有 2 种，即黑斑侧褶蛙和湖北侧褶蛙；陆栖型包括泽陆蛙、中华蟾蜍、饰纹姬蛙 3 种，它们主要在评价范围内离水源不远的陆地上如草地、石下、田埂间等生境内活动，野外调查记录到的该生活型的两栖类有中华蟾蜍、饰纹姬蛙、泽陆蛙 3 种；流溪型包括棘腹蛙 1 种，主要在水流湍急的水域生活，如山间小溪及其附近；树栖型包括中国雨蛙 1 种，主要在离水源不远的树上生活，如湖岸河滩边的人工林地、水边的山坡丘陵等地。

（2）爬行类。林栖傍水型包括赤链蛇、王锦蛇等 13 种，主要在潮湿的林地内活动，野外调查记录到的有虎斑颈槽蛇 1 种；水栖型有乌龟、鳖和黄缘盒龟 3 种，主要在河流中活动，野外调查被记录到的有鳖 1 种。

（3）鸟类。龙感湖、大官湖、黄湖、泊湖等湖泊湿地鸟类种类多，数量丰富，根据历史资料和现状调查，湖区游禽和涉禽等湿地鸟类共计 78 种。游禽包括小䴙䴘、凤头䴙䴘、豆雁等 30 种，主要在龙感湖等自然保护区内水面上活动。野外调查记录到的有小䴙䴘、小天鹅、豆雁、灰雁、绿翅鸭等。涉禽包括白鹭、牛背鹭、池鹭等 48 种，主要分布于湖泊及河流周围的滩涂以及水田等处。其中，白鹭、灰头麦鸡、黑水鸡等为实地观察记录。

在空间分布上，重点保护与珍稀濒危鸟类主要栖息于龙感湖北部和东南角、大官湖北部和西部、黄湖西南等水域滩涂区。滩涂区有鹤类、鸻鹬类、鹭类等鸟类活动；在挺水植物区有苇莺类和鹭类栖息繁殖；水面有雁鸭类、秧鸡类、䴙䴘类、琵鹭、鹳类等鸟类活动。

在时间分布上，每年的 10 月底越冬候鸟开始陆续迁徙到华阳河湖泊群，至次年的 3 月底冬候鸟由华阳河湖泊群陆续迁往北方，夏候鸟陆续抵达华阳河湖泊群进行繁殖。夏季湖区水面有黑水鸡、水雉、小䴙䴘、凤头䴙䴘等鸟类活动。冬季多为越冬水鸟在此活动。

2）重点保护野生动物

华阳河蓄滞洪区内分布有国家级和省级重点保护野生动物 117 种。其中，国家一级重点保护动物 6 种，国家二级重点保护动物 22 种，安徽省和湖北省重点保护动物 89 种（表 4.2）。

3. 水生生物

1）水生生物组成

华阳河蓄滞洪区共调查到浮游植物 8 门 37 属 148 种，其中，泊湖共调查到 7 门 37 属 51 种、黄湖和大官湖调查到 7 门 36 属 52 种，龙感湖 8 门 37 属 68 种，长江安庆江段 6 门 37 属 54 种；调查到浮游动物 4 类 122 种，其中，泊湖共调查到 21 科 24 属 43 种，黄湖和大官湖 22 科 32 属 45 种，龙感湖 4 类 59 种，长江安庆江段 4 类 33 属 49 种；调查到底栖动物 3 门 38 属 130 种，其中，泊湖 3 门 36 属 42 种，黄湖和大官湖 3 门 31 属 35 种，龙感湖 3 门 37 属 52 种，长江安庆江段 3 门 54 种；共采集到鱼类 8 目 15 科 65 种，其中，湖泊水域鱼类 7 目 11 科 43 种，长江干流 5 目 8 科 49 种。

2）鱼类种类组成

在现场调查中，泊湖共采集到鱼类 6 目 9 科 30 种：种类组成以鲤形目鱼类为主，共 2 科 22 种，种类数占本次调查采集鱼类总种类数的 73.33%；鲈形目 2 科 2 种，鲇形目 2 科 2 种，鲱形目 1 科 2 种，种类数各占 6.67%；合鳃鱼目、鲑形目各 1 种，分别占采集鱼类总种类数的 3.33%。

在现场调查中，黄湖和大官湖共采集鱼类 4 目 6 科 22 种：种类组成以鲤形目鱼类为主，共 2 科 17 种，种类数占本次调查采集鱼类总种类数的 77.27%；鲇形目 2 科 2 种，鲱形目 1 科 2 种，种类数各占 9.09%；鲈形目最少，只有 1 科 1 种，种类数占 4.55%。

在现场调查中，龙感湖共采集鱼类 7 目 11 科 37 种：种类组成以鲤形目鱼类为主，共 2 科 26 种，种类数占本次调查采集鱼类总种类数的 70.27%；鲇形目 2 科 3 种，鲈形目 3 科 3 种，种类数各占 8.11%；鲱形目 1 科 2 种，种类数占 5.41%；鲑形目 1 科 1 种，鳉形目 1 科 1 种，合鳃鱼目 1 科 1 种，种类数各占 2.70%。

3）鱼类重要生境

泊湖水生植被丰富，这为秀丽白虾、青虾的繁殖、生存提供了良好的场所，团山到八两缺的广大区域有绵延几公里的草地，地势平坦，水流较缓，是鱼类、虾类产卵、索饵的天然优良场所。中心湖区水相对较深，适合秀丽白虾、青虾及定居性鱼类在此越冬。黄湖下仓镇仓埠村附近水域水较深，水生植物丰富，为鱼、虾、蟹类重要的繁殖、越冬场所。

表 4.2　华阳河蓄滞洪区重点保护野生动物名录

序号	中文名	拉丁名	生活型	居留型	区系	数量	保护等级	在蓄滞洪区内的分布
1	东方白鹳	*Ciconia boyciana*	涉禽	冬候鸟	古北种	+	国家一级	保护区核心区沼泽、滩涂等处
2	黑鹳	*Ciconia nigra*	涉禽	冬候鸟	古北种	+	国家一级	保护区核心区沼泽、湖泊等处
3	白头鹤	*Grus monacha*	涉禽	冬候鸟	古北种	+	国家一级	保护区核心区沼泽、滩涂等处
4	白鹤	*Grus leucogeranus*	涉禽	冬候鸟	古北种	+	国家一级	保护区核心区沼泽、滩涂等处
5	大鸨	*otis tarda*	陆禽	冬候鸟	古北种	+	国家一级	开阔的平原、干旱草原等地区
6	黄嘴白鹭	*Egretta eulophotes*	涉禽	夏候鸟	广布种	+	国家一级	保护区核心区湖泊浅水区
7	白琵鹭	*Platalea leucorodia*	涉禽	冬候鸟	古北种	+	国家二级	核心区湖泊等水域浅水区
8	白额雁	*Anser albifrons*	涉禽	冬候鸟	古北种	+	国家二级	保护区核心区滩涂处
9	大天鹅	*Cygnus cygnus*	游禽	冬候鸟	古北种	+	国家二级	保护区湖泊浅水区域
10	小天鹅	*Cygnus columbianus*	游禽	冬候鸟	古北种	++	国家二级	保护区湖泊浅水区域
11	鸳鸯	*Aix galericulata*	游禽	冬候鸟	古北种	+	国家二级	保护区内林地及附近的溪流、沼泽、芦苇塘和湖泊等处
12	黑鸢	*Milvus migrans*	猛禽	留鸟	古北种	+	国家二级	分布较少，主要分布于评价区林地及土料场，活动范围广
13	白尾鹞	*Circus cyaneus*	猛禽	冬候鸟	古北种	++	国家二级	分布较少，主要分布在评价区内湖泊周围的灌草地、林地、农田耕地附近
14	鹊鹞	*Circus melanoleucos*	猛禽	冬候鸟	古北种	+	国家二级	分布较少，常栖息于评价区内的山坡及山脚林地、草地、旷野中
15	赤腹鹰	*Accipiter soloensis*	猛禽	夏候鸟	东洋种	+	国家二级	林地、林缘地带
16	雀鹰	*Accipiter nisus*	猛禽	冬候鸟	广布种	+	国家二级	林缘或开阔林区
17	苍鹰	*Accipiter gentilis*	猛禽	冬候鸟	古北种	+	国家二级	疏林、林缘和灌丛地带
18	普通鵟	*Buteo japonicus*	猛禽	冬候鸟	古北种	+	国家二级	开阔地和附近的林缘
19	游隼	*Falco peregrinus*	猛禽	留鸟	古北种	++	国家二级	湖泊及河流沿岸的灌草地、耕地、林地等区域
20	红隼	*Falco tinnunculus*	猛禽	留鸟	广布种	+	国家二级	分布于山区植物稀疏的混合林、开垦耕地及旷野灌丛草地

续表

序号	中文名	拉丁名	生活型	居留型	区系	数量	保护等级	在蓄滞洪区内的分布
21	灰背隼	*Falco columbarius*	猛禽	夏候鸟	古北种	+	国家二级	林缘、疏林地带
22	灰鹤	*Grus grus*	涉禽	冬候鸟	古北种	++	国家二级	保护区核心区沼泽、滩涂等处
23	东方草鸮	*Tyto longimembris*	猛禽	留鸟	东洋种	+	国家二级	山坡草地或开旷地带
24	斑头鸺鹠	*Glaucidium cuculoides*	涉禽	留鸟	东洋种	++	国家二级	林地、耕地中
25	长耳鸮	*Asio otus*	猛禽	冬候鸟	古北种	+	国家二级	林地
26	短耳鸮	*Asio flammeus*	猛禽	冬候鸟	古北种	+	国家二级	山坡草地或开旷地带
27	虎纹蛙	*Hoplobatrachus rugulosus*	静水型		东洋种	+	国家二级	丘陵地带的水田、沟渠、水库、水坑以及附近的草丛中
28	牙獐	*Hydropotes inermis*	地面生活型		东洋种	+	国家二级	河岸、湖边、湖中心草滩、芦苇或茅草丛生的环境
29	中华蟾蜍	*Bufo gargarizans*	陆栖型		广布种	+++	湖北省级、安徽省二级	水域和潮湿的陆地广泛分布
30	黑斑侧褶蛙	*Pelophylax nigromaculata*	静水型		广布种	+++	湖北省级	水域、水田等静水区域
31	湖北侧褶蛙	*Pelophylax hubeiensis*	静水型		东洋种	++	湖北省级、安徽省二级	水域、水田等静水区域
32	沼水蛙	*Hylarana guentheri*	静水型		东洋种	+	湖北省级	水域、水田等静水区域
33	泽陆蛙	*Fejervarya limnocharis*	陆栖型		东洋种	+++	湖北省级	水域和潮湿的陆地
34	棘腹蛙	*Paa boulengeri*	溪流型		东洋种	+	湖北省级	山间溪流及附近
35	饰纹姬蛙	*Microhyla ornata*	陆栖型		东洋种	+++	湖北省级	草丛
36	鳖	*Trionyx sinensis*	水栖型		广布种	+	安徽省二级	湖沼、池塘、水库等水流平缓的淡水水域
37	乌龟	*Chinemys reevesii*	水栖型		东洋种	+	安徽省二级	湖沼、池塘、水库等水流平缓的淡水水域
38	黄缘盒龟	*Chinemys flavomarginata*	水栖型		东洋种	+	湖北省级、安徽省二级	离水源较近的林缘、杂草、灌木等区域
39	王锦蛇	*Elaphe carinata*	林栖傍水型		东洋种	+	湖北省级、安徽省二级	农田和居民点附近
40	玉斑锦蛇	*Elaphe mandarina*	林栖傍水型		东洋种	+	湖北省级	林缘、农田和居民点附近

续表

序号	中文名	拉丁名	生活型	居留型	区系	数量	保护等级	在蓄滞洪区内的分布
41	黑眉锦蛇	*Elaphe taeniura*	林栖傍水型		东洋种	+++	湖北省级、安徽省二级	农田和居民点附近
42	滑鼠蛇	*Ptyas mucosus*	林栖傍水型		东洋种	++	湖北省级、安徽省二级	水域附近的灌草丛中
43	乌梢蛇	*Zaocys dhumnades*	林栖傍水型		东洋种	++	湖北省级、安徽省二级	林缘、农田和居民点附近
44	银环蛇	*Bungarus multicinoctus*	林栖傍水型		东洋种	+	湖北省级	近水处灌丛、农田生境
45	尖吻蝮	*Deinagkistrodon acutus*	灌丛石缝型		东洋种	+	湖北省级、安徽省二级	杂草丛中
46	凤头䴙䴘	*Podiceps cristatus*	游禽	冬候鸟	古北种	+++	湖北省级	湖泊水域
47	普通鸬鹚	*Phalacrocorax carbo*	游禽	冬候鸟	广布种	++	湖北省级、安徽省二级	湖泊、池塘等水域
48	苍鹭	*Ardea cinerea*	涉禽	冬候鸟	古北种	++	湖北省级	湖泊、池塘、稻田等区域
49	白鹭	*Egrettagarzetta*	涉禽	夏候鸟	东洋种	+++	湖北省级	湖泊、池塘、稻田等区域
50	中白鹭	*Egretta intermedia*	涉禽	夏候鸟	东洋种	++	湖北省级	湖泊、池塘、稻田等区域
51	大白鹭	*Egretta alba*	涉禽	冬候鸟	广布种	++	湖北省级	湖泊、池塘、稻田等区域
52	鸿雁	*Anser cygnoides*	游禽	冬候鸟	古北种	++	湖北省级、安徽省二级	滩涂、耕地处
53	豆雁	*Anser fabalis*	游禽	冬候鸟	古北种	+++	湖北省级、安徽省二级	滩涂、耕地处
54	小白额雁	*Anser erythropus*	游禽	冬候鸟	古北种	++	湖北省级、安徽省二级	滩涂、耕地处
55	灰雁	*Anser anser*	涉禽	冬候鸟	古北种	++	湖北省级、安徽省二级	滩涂、耕地处
56	赤麻鸭	*Tadorna ferruginea*	游禽	冬候鸟	古北种	++	湖北省级、安徽省二级	水生植物繁茂的河流、湖沼及其他各类水域
57	翘鼻麻鸭	*Tadorna tadorna*	游禽	冬候鸟	古北种	++	安徽省二级	水生植物繁茂的河流、湖沼及其他各类水域
58	针尾鸭	*Anas acuta*	游禽	冬候鸟	古北种	++	安徽省二级	水生植物繁茂的河流、湖沼及其他各类水域
59	绿翅鸭	*Anas crecca*	游禽	冬候鸟	古北种	+++	安徽省二级	水生植物繁茂的河流、湖沼及其他各类水域
60	花脸鸭	*Anas formosa*	游禽	冬候鸟	古北种	+	安徽省二级	水生植物繁茂的河流、湖沼及其他各类水域

续表

序号	中文名	拉丁名	生活型	居留型	区系	数量	保护等级	在蓄滞洪区内的分布
61	罗纹鸭	*Anas falcata*	游禽	冬候鸟	古北种	+++	安徽省二级	水生植物繁茂的河流、湖沼及其他各类水域
62	绿头鸭	*Anas platyrhynchos*	游禽	冬候鸟	古北种	++	湖北省级、安徽省二级	水生植物繁茂的河流、湖沼及其他各类水域
63	斑嘴鸭	*Anas poecilorhyncha*	游禽	冬候鸟	东洋种	++	安徽省二级	水生植物繁茂的河流、湖沼及其他各类水域
64	赤膀鸭	*Anas strepera*	游禽	冬候鸟	古北种	++	安徽省二级	水生植物繁茂的河流、湖沼及其他各类水域
65	赤颈鸭	*Anas penelope*	游禽	冬候鸟	古北种	+	安徽省二级	水生植物繁茂的河流、湖沼及其他各类水域
66	白眉鸭	*Anas querquedula*	游禽	冬候鸟	古北种	+	安徽省二级	水生植物繁茂的河流、湖沼及其他各类水域
67	琵嘴鸭	*Anas clypeata*	游禽	冬候鸟	古北种	++	安徽省二级	水生植物繁茂的河流、湖沼及其他各类水域
68	红头潜鸭	*Aythya ferina*	游禽	冬候鸟	古北种	++	安徽省二级	水生植物繁茂的河流、湖沼及其他各类开阔水域
69	青头潜鸭	*Aythya baeri*	游禽	冬候鸟	古北种	+	安徽省二级	水生植物繁茂的河流、湖沼及其他各类开阔水域
70	凤头潜鸭	*Aythya fuligula*	游禽	冬候鸟	古北种	++	安徽省二级	水生植物繁茂的河流、湖沼及其他各类开阔水域
71	斑背潜鸭	*Aythya marila*	游禽	冬候鸟	古北种	+	安徽省二级	水生植物繁茂的河流、湖沼及其他各类开阔水域
72	棉凫	*Nettapus coromandelianus*	游禽	夏候鸟	东洋种	+	安徽省二级	水生植物繁茂的河流、湖沼及其他各类开阔水域
73	鹊鸭	*Bucephala clangula*	游禽	冬候鸟	古北种	+	安徽省二级	水生植物繁茂的河流、湖沼及其他各类开阔水域
74	普通秋沙鸭	*Mergus merganser*	游禽	冬候鸟	古北种	+	湖北省级、安徽省二级	水生植物繁茂的河流、湖沼区域
75	斑头秋沙鸭	*Mergellus albellus*	游禽	冬候鸟	古北种	+	湖北省级、安徽省二级	水生植物繁茂的河流、湖沼区域
76	日本鹌鹑	*Coturnix japonica*	陆禽	留鸟	广布种	+	安徽省二级	灌丛中
77	环颈雉	*Phasianus colchicus*	陆禽	留鸟	广布种	+++	湖北省级、安徽省二级	灌丛中
78	灰胸竹鸡	*Bambusicola thoracica*	陆禽	留鸟	东洋种	++	湖北省级、安徽省二级	灌丛中
79	黄脚三趾鹑	*Turnix tanki*	涉禽	留鸟	东洋种	+	湖北省级	荒地、草原及低矮树丛中
80	董鸡	*Gallicrex cinerea*	涉禽	夏候鸟	东洋种	+	湖北省级	芦苇沼泽，稻田或甘蔗田，湖边草丛和多水草的沟渠

续表

序号	中文名	拉丁名	生活型	居留型	区系	数量	保护等级	在蓄滞洪区内的分布
81	黑水鸡	*Gallinula chloropus*	涉禽	留鸟	广布种	+++	湖北省级	沼泽或近水灌丛、杂草、芦苇丛、农田
82	水雉	*Hydrophasianus chirurgus*	涉禽	夏候鸟	东洋种	++	湖北省级	湖泊、水库、沼泽地和水田中的池塘
83	凤头麦鸡	*Vanellus vanellus*	涉禽	冬候鸟	古北种	+	湖北省级	河、湖岸边，沼泽湿地
84	普通燕鸥	*Sterna hirundo*	游禽	旅鸟	古北种	++	湖北省级	沼泽湿地、河湖岸边
85	珠颈斑鸠	*Streptopeliachinensis*	陆禽	留鸟	东洋种	++	湖北省级	低山水田和居民点附近
86	四声杜鹃	*Cuculus micropterus*	攀禽	夏候鸟	东洋种	+	湖北省级、安徽省一级	林地中
87	大杜鹃	*Cuculus canorus*	攀禽	夏候鸟	广布种	+	湖北省级、安徽省一级	林中，与主要工程距离较远
88	蓝翡翠	*Halcyon pileata*	攀禽	夏候鸟	东洋种	+	湖北省级	溪流湖泊及沼泽处
89	戴胜	*Upupa epops*	攀禽	留鸟	广布种	+++	湖北省级	低山地带草地、林缘耕地生境
90	斑姬啄木鸟	*Picumnus innominatus*	攀禽	留鸟	东洋种	++	湖北省级、安徽省一级	竹林或低矮的小树、灌丛枝条上
91	灰头绿啄木鸟	*Picus canus*	攀禽	留鸟	古北种	+	湖北省级、安徽省一级	林地
92	崖沙燕	*Riparia riparia*	鸣禽	夏候鸟	古北种	++	安徽省一级	沼泽地带
93	家燕	*Hirundo rustica*	鸣禽	夏候鸟	古北种	+++	湖北省级、安徽省一级	居民点附近
94	金腰燕	*Cecropis daurica*	鸣禽	夏候鸟	广布种	+++	湖北省级、安徽省一级	居民点附近
95	红尾伯劳	*Lanius cristatus*	鸣禽	夏候鸟	古北种	+	湖北省级、安徽省二级	低山农田、林地
96	棕背伯劳	*Lanius schach*	鸣禽	留鸟	东洋种	++	湖北省级、安徽省二级	低山农田、林地
97	虎纹伯劳	*Lanius tigrinus*	鸣禽	夏候鸟	古北种	+	湖北省级、安徽省二级	低山农田、次生阔叶林内
98	黑枕黄鹂	*Oriolus chinensis*	鸣禽	夏候鸟	古北种	++	湖北省级、安徽省一级	林地
99	黑卷尾	*Dicrurus macrocercus*	鸣禽	夏候鸟	东洋种	+++	湖北省级	开阔山地林缘、农田

续表

序号	中文名	拉丁名	生活型	居留型	区系	数量	保护等级	在蓄滞洪区内的分布
100	丝光椋鸟	*Sturnus sericeus*	鸣禽	留鸟	东洋种	+++	湖北省级	农田和丛林地带
101	八哥	*Acridotheres cristatellus*	鸣禽	留鸟	东洋种	+++	湖北省级	竹林和林缘疏林中
102	松鸦	*Garrulus glandarius*	鸣禽	留鸟	古北种	+	湖北省级	林中
103	灰喜鹊	*Cyano pica cyanus*	鸣禽	留鸟	东洋种	+++	湖北省级、安徽省一级	林地、灌丛或村庄附近的杂木林、松林中
104	喜鹊	*Pica pica*	鸣禽	留鸟	古北种	++	湖北省级	低山农田及居民点
105	大嘴乌鸦	*Corvus macrorhynchos*	鸣禽	留鸟	古北种	+	湖北省级	林地、居民区附近
106	白颈鸦	*Corvus pectoralis*	鸣禽	留鸟	东洋种	+	湖北省级	农田附近
107	乌鸫	*Turdus merula*	鸣禽	留鸟	广布种	+++	湖北省级	栖息于平原草地或园圃间，筑巢于乔木的枝梢上
108	画眉	*Garrulax canorus*	鸣禽	留鸟	东洋种	+	湖北省级、安徽省二级	低山灌丛和林地中
109	大山雀	*Parus major*	鸣禽	留鸟	广布种	+++	湖北省级	林地
110	暗绿绣眼鸟	*Zosterops japonicus*	鸣禽	夏候鸟	东洋种	+	安徽省二级	栖息于林间和果园附近
111	黄鼬	*Mustela sibirica*	半地下生活型		古北种	+++	安徽省二级	低山灌丛、林缘、居民点附近
112	鼬獾	*Melogale moschata*	半地下生活型		东洋种	++	湖北省级、安徽省二级	灌丛、草丛、土穴中
113	狗獾	*Meles meles*	半地下生活型		古北种	+	湖北省级、安徽省二级	林地、灌丛中
114	猪獾	*Arctonyx collaris*	半地下生活型		东洋种	+	湖北省级、安徽省二级	林地、灌丛中
115	花面狸	*Paguma larvata*	地面生活型		东洋种	+	湖北省级、安徽省一级	林地、灌丛中
116	貉	*Nyctereutes procyonoides*	地面生活型		广布种	++	湖北省级、安徽省一级	林地、灌丛中或湖沼附近的荒地草原
117	小麂	*Muntiacus reevesi*	地面生活型		东洋种	+	湖北省级、安徽省二级	低谷、林缘、灌丛中

黄湖西接大官湖，东连杨湾河，北通泊湖，生态系统完善，地理位置优越，水生动植物资源丰富，是鱼、蟹、虾等栖息的理想水域，为湖区水生生物的生存、繁衍创造了良好的环境，水生生物的索饵场、越冬场、产卵场均具备，水生生物生态功能完整。

龙感湖鱼类资源丰富，素有“鱼米之乡”之称，鱼类能够在龙感湖适宜环境觅食、生长、产卵繁殖，并完成生活史。龙感湖水域水面宽阔、河道平直、流态稳定、溪流水力梯度相对较缓，缺乏产漂流性卵鱼类适宜的产卵生境；湖区以泥质底质为主，水生态稳定，水生维管束植物分布广泛，适宜小型喜静水鱼类的繁衍、生长。湖区浮游动植物生物量大，鱼类的索饵场多而分散，一些野生小型鱼类如宽鳍鱲、马口鱼、麦穗鱼多在一些缓流的河滩处摄食。

4. 重要湿地

华阳河蓄滞洪区内有湖北龙感湖国家级自然保护区、安徽宿松华阳河湖群省级自然保护区和安徽安庆沿江湿地省级自然保护区等重要湿地。华阳河蓄滞洪区建设工程与上述重要湿地的位置关系见表4.3。

表 4.3　华阳河蓄滞洪区建设工程与重要湿地位置关系

序号	名称	保护对象	地理位置	蓄滞洪区工程与重要湿地位置关系
1	湖北龙感湖国家级自然保护区	湿地生态系统及生物多样性	E115°56′～E116°07′，N29°49′～N30°04′	1）刘佐安全区围堤加固工程 2+800～7+840 段涉及保护区实验区，长度 5.04 km。工程均利用原有堤防，建设内容为堤身加培、硬护坡、草皮护坡、堤顶混凝土路面、填塘固基和穿堤建筑物重建
2	安徽宿松华阳河湖群省级自然保护区	湿地生态系统及生物多样性	E116°04′29.2″～E116°32′19.8″，N29°52′48.8″～N30°08′07.6″	1）复华安全区围堤加固工程 35+213～39+000 段及 48+989～54+000 段与保护区实验区边界接壤，长度共计 8.80 km。工程均利用原有堤防，建设内容包括堤防加高培厚、雷诺护坡和反压平台、新建或重建穿堤建筑物； 2）九成安全区围堤加固工程 1+207～10+387 段与保护区缓冲区接壤，长度共计 9.18 km。工程均利用原有堤防，建设内容为：堤防加高培厚、雷诺护坡和反压平台；加固、新建或重建穿堤建筑物
3	安徽安庆沿江湿地省级自然保护区	湿地生态系统及生物多样性	E116°18′30″～E117°42′11″，N30°03′46″～N30°58′04″	1）R5 生产转移道路部分段位于保护区实验区，长度 0.61 km，工程内容是在现有道路基础上扩宽和整修路面； 2）杨湾河节制闸距离保护区实验区边界 300 m

1）湖北龙感湖国家级自然保护区

（1）保护区概况。湖北龙感湖国家级自然保护区位于湖北省黄梅县南部，南与江西鄱阳湖保护区隔长江相望，东与安徽省安庆沿江湿地相连，地理坐标为 E115° 56′～E116° 07′，N29° 49′～N30° 04′。龙感湖自然保护区建设始于 20 世纪 80 年代，1988 年 3 月黄梅县人民政府梅政发〔1988〕17 号文批准建立面积为 800 hm^2 的“龙感湖白头鹤县级自然保护区”，由环保部门管理；1999 年 3 月 6 日，黄梅县人民政府梅政函〔1999〕2 号文设立（更名）为龙感湖县级自然保护区，划归林业部门管理；2000 年 2 月 1 日，黄冈市人民政府办公室黄政办函〔2000〕4 号文批准为市级自然保护区；2002 年 2 月 25 日，湖北省人民政府办公厅鄂政办函〔2002〕18 号文批准为省级自然保护区，面积核定为 35950 hm^2；2005 年 7 月 19 日，湖北省人民政府鄂政函〔2005〕85 号文同意龙感湖省级自然保护区面积从 35950 hm^2 调整为 22322 hm^2，其中核心区、缓冲区和实验区面积分别调整为 8215 hm^2、7299 hm^2 和 6808 hm^2；2009 年 9 月 18 日，国务院办公厅国办发〔2009〕54 号文批准晋升为国家级自然保护区。保护区以境内的龙感湖、人工湿地万牟湖和张湖为主体，包括周边的大源湖、小源湖及部分人工湿地，是由湖泊、滩涂、草甸等组成的以生物多样性和内陆水域生态系统为主要保护对象的湿地类型自然保护区，是我国众多淡水湖泊中保持最为完好的重要湖泊湿地之一。具体划分如下。

核心区面积 8215 hm^2，占保护区总面积的 36.8%。核心区内以沼泽湿地、水淹稻田湿地为主，地势开阔，沟渠交错，水分充足，离乡间公路较远，田间布满禾本科植物、草科植物、伞形花科植物等鸟类喜食植物，核心区是白头鹤、黑鹳等珍稀水禽的主要栖息地。

缓冲区面积 7299 hm^2，占保护区总面积的 32.7%。缓冲区内以水稻田为主，北部有少量常住居民。

实验区即保护区内除核心区和缓冲区外的部分，面积 6808 hm^2，占保护区总面积的 30.5%，以农田和渔场为主，有常住居民 5 千余人。

（2）主要保护对象。长江中游淡水湿地生态系统龙感湖湿地包括龙感湖湖泊湿地和滩涂湿地，是永久性淡水湖泊湿地。主要保护对象如下。

国家重点保护野生动物：白头鹤、黑鹳、白鹤、东方白鹳、大鸨 5 种国家一级保护鸟类；白琵鹭、白额雁、大天鹅、虎纹蛙等 27 种国家二级保护动物。

国际协定保护鸟类：被列入《濒危野生动植物种国际贸易公约》的有白鹭、白琵鹭、花脸鸭、游隼等 28 种；被列入中华人民共和国政府和日本国政府保护候鸟及其栖息地环境协定的有小䴙、长耳鸮、凤头麦鸡、白头鹞等 73 种；被列入中华人民共和国政府和澳大利亚政府保护候鸟及其栖息环境的协定的有大苇莺、白鹡鸰、长耳鸮、青脚鹬等 22 种。

人工湿地万牟湖、张湖和白头鹤等鸟类觅食的稻田：位于龙感湖畔，是我国一级保护动物白头鹤等鸟类良好的越冬场所。

大源湖、小源湖及部分人工湿地：龙感湖周边的大源湖、小源湖及人工湿地，吸引着越来越多的鸟类在此栖息、越冬。

国家重点保护野生植物：细果野菱、莲、粗梗水蕨、黄梅秤锤树 4 种国家二级保护植物。

（3）与工程位置的关系。华阳河蓄滞洪区建设工程中，刘佐安全区围堤总长 18.468 km。其中 2+800～7+840 段 5.04 km 堤防加固工程利用老堤进行布置，位于湖北龙感湖国家级自然保护区的实验区；堤内 50 m 内填塘固基 6 处；在 5+223 段重建丰收闸。工程涉及实验区总面积 31.60 hm^2，其他工程布置均不涉及该保护区，工程与保护区位置关系见图 4.1。

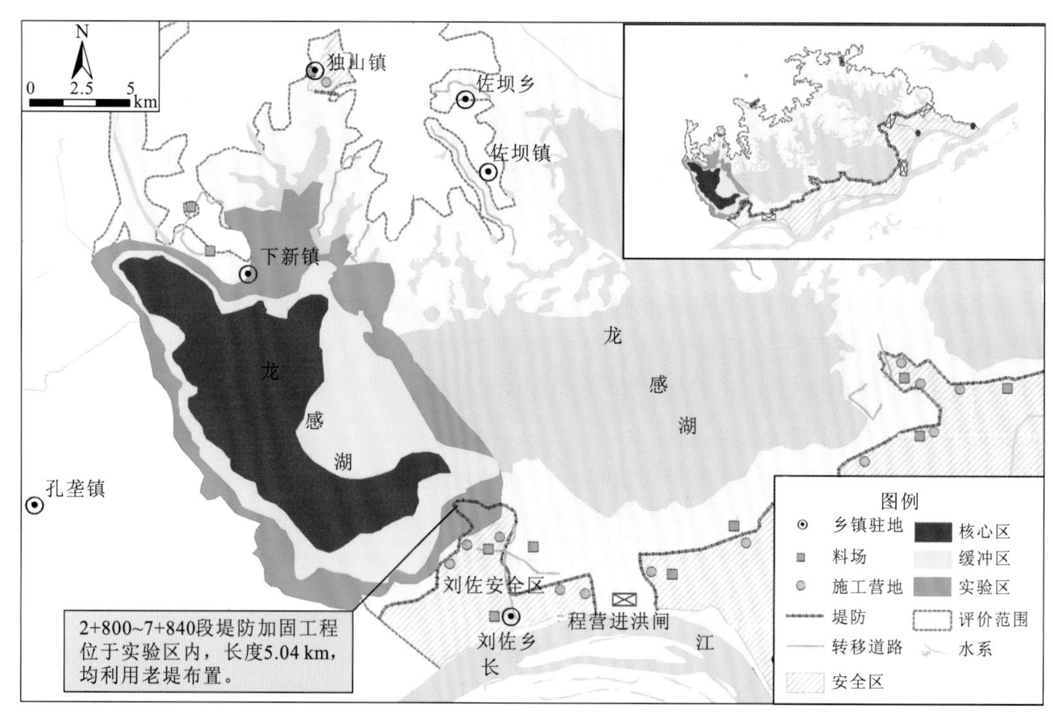

图 4.1　华阳河蓄滞洪区建设工程与湖北龙感湖国家级自然保护区的位置关系图

2）安徽宿松华阳河湖群省级自然保护区

（1）保护区概况。安徽宿松华阳河湖群省级保护区位于安徽省安庆市宿松县境内，地理坐标为 E116° 04′29.2″～E116° 32′19.8″，N29° 52′48.8″～N30° 08′7.6″。保护区西起宿松县界，与湖北省黄梅县的龙感湖国家级自然保护区相接；东至螺蛳咀，与安徽安庆沿江湿地省级自然保护区相连；南起华阳河农场程营开荒队三岔港渡口，与鄱阳湖国家级自然保护区仅一江之隔；北至双墩岭。华阳河湖群原为“安庆沿江水禽省级自然保护区”的一部分，2013 年 12 月，安徽省人民政府以皖政秘〔2013〕231 号文同意安庆沿江水禽自然保护区范围调整和更名，安徽宿松华阳河湖群省级保护区设立。保护区属于“内陆湿地和水域生态系统类型自然保护区”，主要包括黄大湖和龙感湖的一部分，总面积为 50396 hm^2，是以保护和恢复湿地生态系统及其功能，有效发挥湿地效益，保护湿地濒危物种和生物多样性为主要目的，集湿地保护、科研、宣传教育、可持续利用为一体的自然保护区。

（2）功能区划。保护区共划分三个核心区和三个缓冲区，其中：核心区总面积15 704.47 hm^2，占保护区总面积的31.1%；缓冲区总面积5605.13 hm^2，占保护区总面积的11.1%。实验区总面积29087.09 hm^2，占保护区总面积的57.8%。具体划分如下。

黄湖核心区与缓冲区划定在黄湖东北部，东北界为黄湖大堤，西南部以杨林闸至长港口一线为界，界内为核心区和缓冲区，其中：距边界 300 m 之内为缓冲区，面积695.04 hm；距边界300 m之外至湖心均划为核心区，面积1782.46 hm^2。

大官湖核心区与缓冲区位于大官湖北部，自南庙咀至下仓镇一线以北的区域为核心区和缓冲区。其中：距边界 300 m 之内为缓冲区，面积 1306.00 hm^2；距边界 300 m 之外至湖心均划为核心区，面积2489.16 hm^2。

龙感湖核心区与缓冲区位于龙感湖中西部，面积较大，自佐坝乡大咀头至龙感湖东南部华阳河农场坝头开荒队水湾一线以西为龙感湖核心区与缓冲区。其中：距边界300 m之内为缓冲区，面积 3 604.10 hm^2；距边界 300 m 之外至湖心均划为核心区，面积11 432.85 hm^2。

除核心区和缓冲区界线以外的保护区域为实验区。该区域为各种实验、经营活动区，可适当开展生态旅游、渔业生产、科学实验等活动。

（3）主要保护对象如下。

典型湿地生态系统：河口、湖滩和水域生态系统。

国家重点保护鸟类和安徽省重点保护的鸟类：国家一级保护的东方白鹳；国家二级保护的白琵鹭、小天鹅、黑鸢、白尾鹞、游隼和小鸦鹃、白额雁；安徽省一级重点保护野生鸟类大斑啄木鸟、崖沙燕、家燕、烟腹毛脚燕、金腰燕和灰喜鹊；安徽省二级重点保护野生鸟类17种。

列入世界自然保护联盟（IUCN）受威胁鸟类：易危的鸿雁和近危的红颈苇鹀。

（4）与工程位置的关系。华阳河蓄滞洪区建设工程不直接涉及该保护区，复华安全区和九成安全区围堤加固工程临近保护区外边界，见图4.2。

3）安徽安庆沿江湿地省级自然保护区

（1）保护区概况。安徽安庆沿江湿地省级自然保护区分别由泊湖、武昌湖、菜子湖、破罡湖、枫沙湖、白荡湖和陈瑶湖7个湖泊组成，保护区地理坐标为E116° 18′30″～E117° 42′11″，N30° 03′46″～N30° 58′04″，地跨安庆市宿松县、太湖县、望江县、宜秀区、桐城市和枞阳县一区一市四县。2013 年 12 月，安徽省人民政府以皖政秘〔2013〕231号文同意安庆沿江水禽自然保护区范围调整和更名，安徽安庆沿江湿地省级自然保护区设立。保护区性质同安徽宿松华阳河湖群省级自然保护区。

（2）功能区划。安庆沿江湿地自然保护区总面积50332.2 hm^2，包括核心区和实验区。其中，核心区进一步分成泊湖枫林、菜子湖、武昌湖、白荡湖、枫沙湖、陈瑶湖6个核

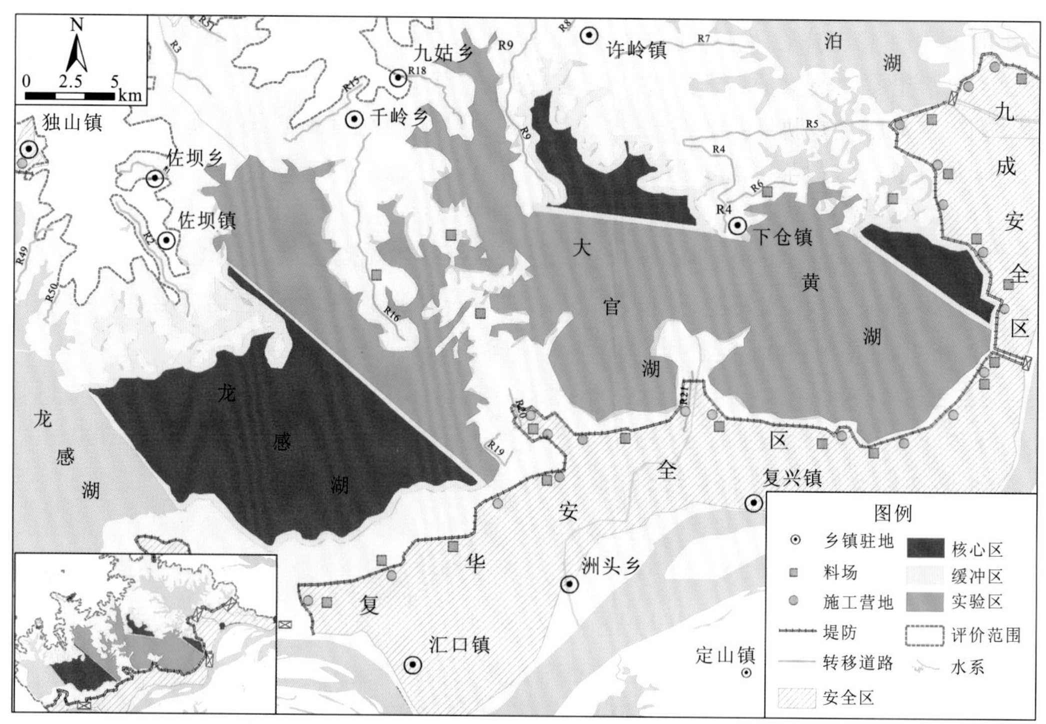

图 4.2 华阳河蓄滞洪区建设工程与安徽宿松华阳河湖群省级自然保护区的位置关系图

心区和缓冲区。具体划分是：距边界 300 m 之内划为缓冲区，距边界 300 m 之外至湖心均划为核心区。具体划分如下。

泊湖枫林核心区与缓冲区：宿松许岭前头尾至高岭刘屋西北面的湖面，核心区面积 3 188 hm^2，缓冲区面积 1 758 hm^2。

菜子湖核心区与缓冲区：包括白兔湖、菜子湖（子湖）的一部分，即桐城肖店的苏家咀至枞阳王家咀断面以北的湖面，核心区面积 4108 hm^2，缓冲区面积 4295 hm^2。

武昌湖核心区与缓冲区：自余屋竹庄圩东北角至象鼻嘴头圩西南角一线以东区域，核心区面积 4845 hm^2，缓冲区面积 1411 hm^2。

白荡湖核心区与缓冲区：位于白荡湖南部，自史家咀至大树洼一线以南区域，核心区面积 1413 hm^2，缓冲区面积 1019 hm^2。

枫沙湖核心区：位于枫沙湖西南部，自清水墩至施湾村一线以西，核心区面积 497 hm^2，缓冲区面积 475 hm^2。

陈瑶湖核心区：位于陈瑶湖南部，自七墩圩西南部边界，至四顾墩圩的南部角一线以南的区域，核心区面积 640 hm^2，缓冲区面积 393 hm^2。

核心区和缓冲区以外的区域为实验区。该区域为各种实验、经营活动区，可适当开展生态旅游、渔业生产、科学实验等活动。安庆沿江湿地自然保护区实验区面积 26 290 hm^2。

（3）主要保护对象如下。

典型湿地生态系统：河口、湖滩和水域生态系统。国家重点保护和安徽省地方重点保护的鸟类：属于国家一级保护鸟类的有白鹤、白头鹤、东方白鹳、黑鹳、大鸨、白肩雕等；属于国家二级保护鸟类的有凤角、白琵鹭、黄嘴白鹭、小天鹅、鸳鸯、白额雁等。

列入 IUCU 受威胁鸟类（不含上述已列的种类）：鸿雁、小白额雁、花脸鸭、青头潜鸭、长嘴剑鸻、红颈苇鹀、斑背大尾莺。

（4）与工程的位置关系。R5（下仓镇东洪村至九成农场）生产转移道路部分段位于保护区实验区，涉及保护区长度 0.61 km，工程内容是将现有道路由 3 m 扩宽至 6 m，并在原有道路基础上整修路面。杨湾河节制闸距离保护区实验区边界 300 m。其他工程布置均不涉及该保护区，工程与保护区的位置关系见图 4.3。

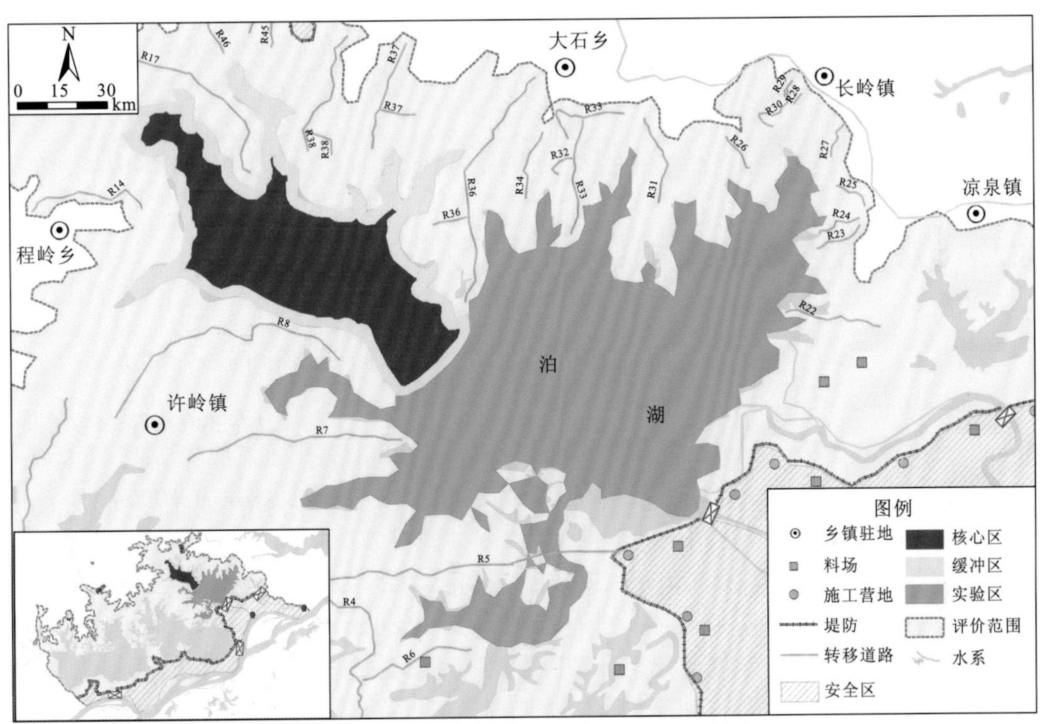

图 4.3　华阳河蓄滞洪区建设工程与安徽安庆沿江湿地省级自然保护区的位置关系图

4.1.4　主要生态环境问题

1. 湿地面积减少，生物多样性减少

自 20 世纪 50 年代开始的围湖造田以及长期的泥沙淤积，使得湖泊湿地面积不断缩减，湿地蓄洪调洪功能降低，湿地水生植物生存环境变小，生物总量下降。不合理的养殖模式使湿地植被遭到破坏，部分水域植物种类组成趋向于单一化，湖底腐殖质过多使湿地食物链受到破坏，生物多样性降低。

2. 江湖连通性较差

华阳河湖泊群历史上与长江自然连通，随着华阳河、杨湾河、杨林港相继建设华阳闸、杨湾闸和杨林闸，以及 1998 年对杨林闸的封堵等，江湖连通性降低，湖泊内鱼类和长江中的鱼类基因交流存在困难，鱼类生物多样性降低。

3. 湖泊水质不能稳定达标

龙感湖水质较差，大部分时段为 IV～V 类；黄湖、大官湖、泊湖水质相对优于龙感湖，但仍有部分月份不达标。主要原因是湖区周边大部分是农村和农田，面源治理措施相对滞后，入湖面源污染负荷较大。

4.2　工程建设运行对湿地生态影响及保护对策措施

4.2.1　对水文情势的影响

1. 分洪期

对于 1954 年洪水，华阳河蓄滞洪区蓄洪底水位为 15.23 m，设计蓄洪水位为 17.35 m，相应的蓄洪净容积 25 亿 m^3，蓄滞洪区面积 1 603.51 km^2，其中蓄洪面积 1217.75 km^2，安全区圈围面积 385.76 km^2。华阳河蓄滞洪区程营进洪闸的设计流量为 8 000 m^3/s。

华阳河蓄滞洪区分洪运用条件依据《长江洪水调度方案》（国汛〔2011〕22 号）和《长江防御洪水方案》（国函〔2015〕124 号）确定。两个方案对于湖口附近蓄滞洪区的运用条件的规定略有区别，前者为“湖口水位达到 22.50 m（冻结吴淞），并预报继续上涨”（以下简称“湖口 22.50 m 开始分洪”方案），后者为“预报湖口水位将达到 22.50 m（冻结吴淞）并继续上涨”（以下简称“控制湖口站水位不超过 22.50 m”方案）。

在“湖口 22.50 m 开始分洪”及“控制湖口站水位不超过 22.50 m”两种调度方式下，程营进洪闸规模采用 8 000 m^3/s 推荐方案，构建平面二维水动力水质耦合模型对蓄滞洪区内部水域水文情势变化进行模拟计算。湖区蓄洪底水位为 15.23 m，华阳河蓄滞洪区分洪流量过程见图 4.4。

在两种分洪运用方式条件下，首先启用鄱阳湖蓄滞洪区，华阳河蓄滞洪区启用时间均为 7 月 29 日，至 8 月 1 日分洪结束，分洪共经历 4 d。湖区水位变化见图 4.4。

“湖口 22.5 m 开始分洪”方案下，华阳河蓄滞洪区启用后，湖区水位从 15.23 m 逐步抬升到 16.48 m；“控制湖口站水位不超过 22.50 m”方案下，华阳河蓄滞洪区启用后，湖区水位从 15.23 m 逐步抬升到 16.67 m。启用蓄滞洪区后，华阳河湖群水位将有所抬升，“湖口 22.5 m 开始分洪”方案的蓄洪水位较“控制湖口站水位不超过 22.50 m”方案低 0.19 m，均不超过设计蓄洪水位和有效蓄洪容积。

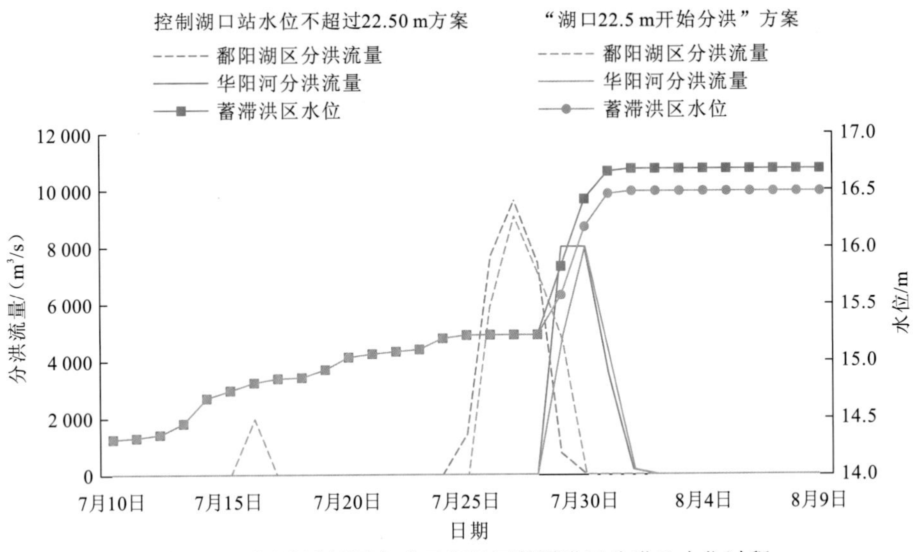

图 4.4 不同分洪运用方式下华阳河蓄滞洪区分洪及水位过程

图 4.5 显示了“湖口 22.5 m 开始分洪”方案下，7 月 29 日至 8 月 1 日蓄滞洪区的水深变化过程。图 4.6 显示了“控制湖口站水位不超过 22.5 m”方案下，7 月 29 日至 8 月 1 日蓄滞洪区的水深变化过程。从湖区水深分布情况来看，龙感湖、黄大湖、泊湖的湖底高程相对较低，泊湖的水深相对最大。至分蓄洪时段末（8 月 1 日 24:00），“湖口 22.5 m 开始分洪”方案下湖区最大水深为 9.75 m，“控制湖口站水位不超过 22.5 m”方案下湖区最大水深为 9.93 m。

2. 退洪期

在 1954 年作为典型年条件下，按照最不利条件，即华阳河蓄滞洪区承担 25 亿 m^3 分洪任务且从设计蓄洪水位 17.35 m 开始退洪，杨林退洪闸设计规模为 800 m^3/s，杨湾闸设计规模为 615 m^3/s，华阳闸设计规模为 240 m^3/s。

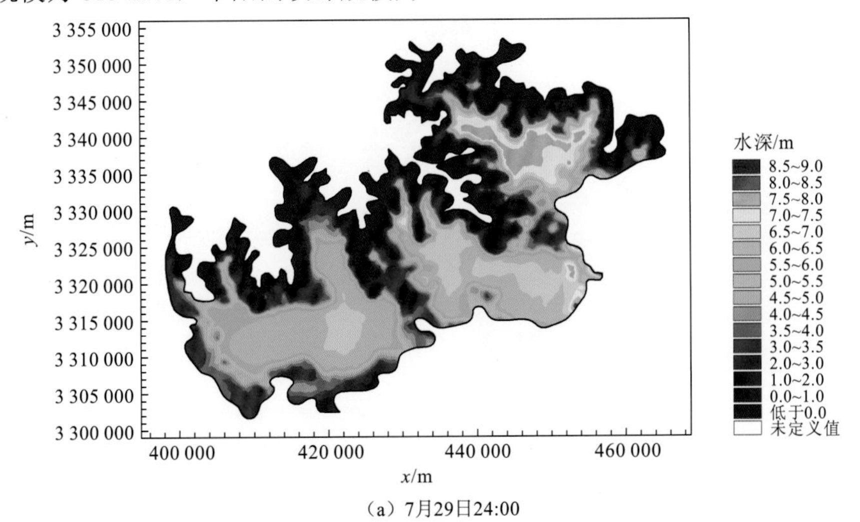

（a）7月29日24:00

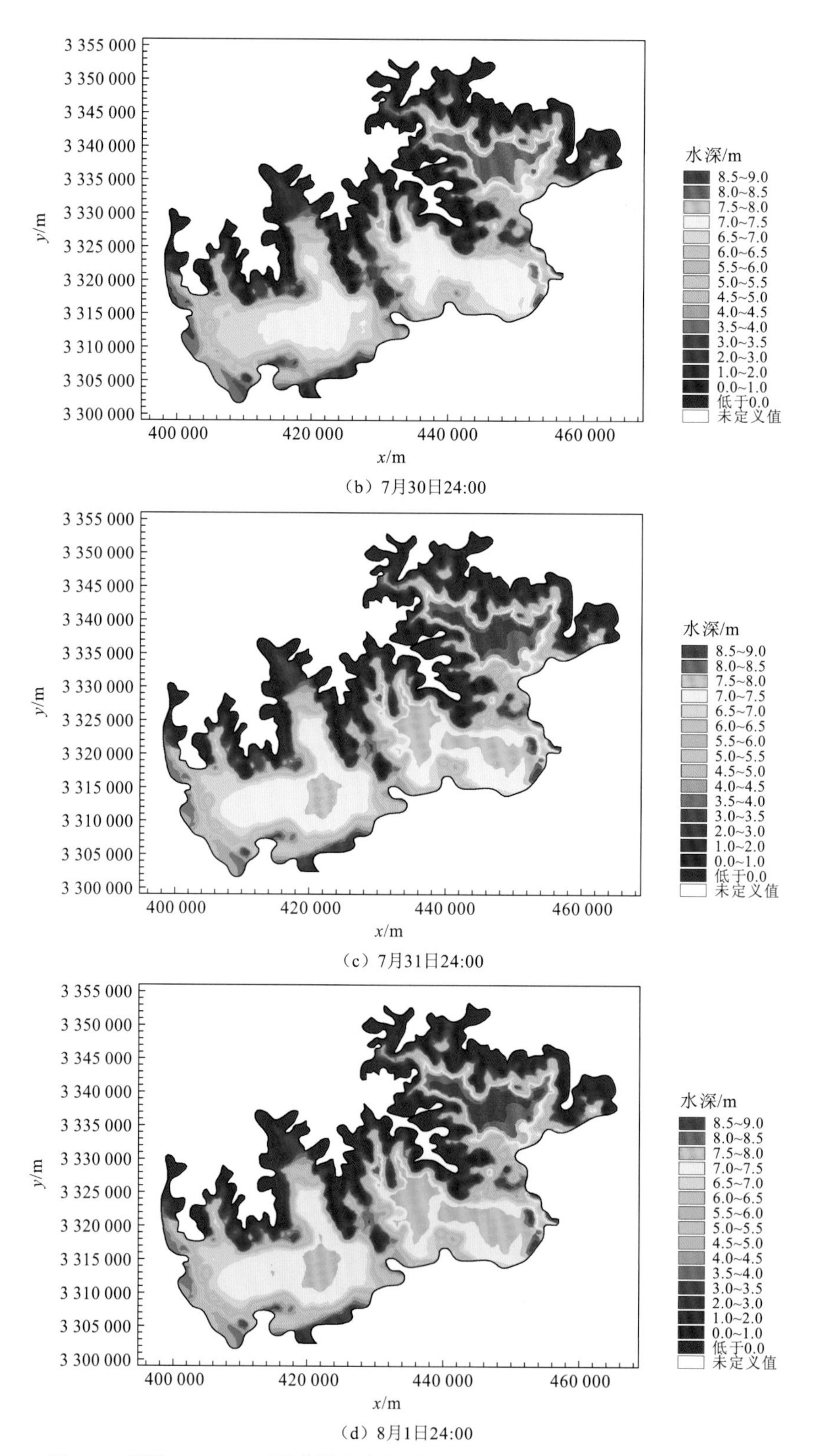

（b）7月30日24:00

（c）7月31日24:00

（d）8月1日24:00

图 4.5 “湖口 22.5 m 开始分洪”方案下 7 月 29 日至 8 月 1 日湖区水深变化

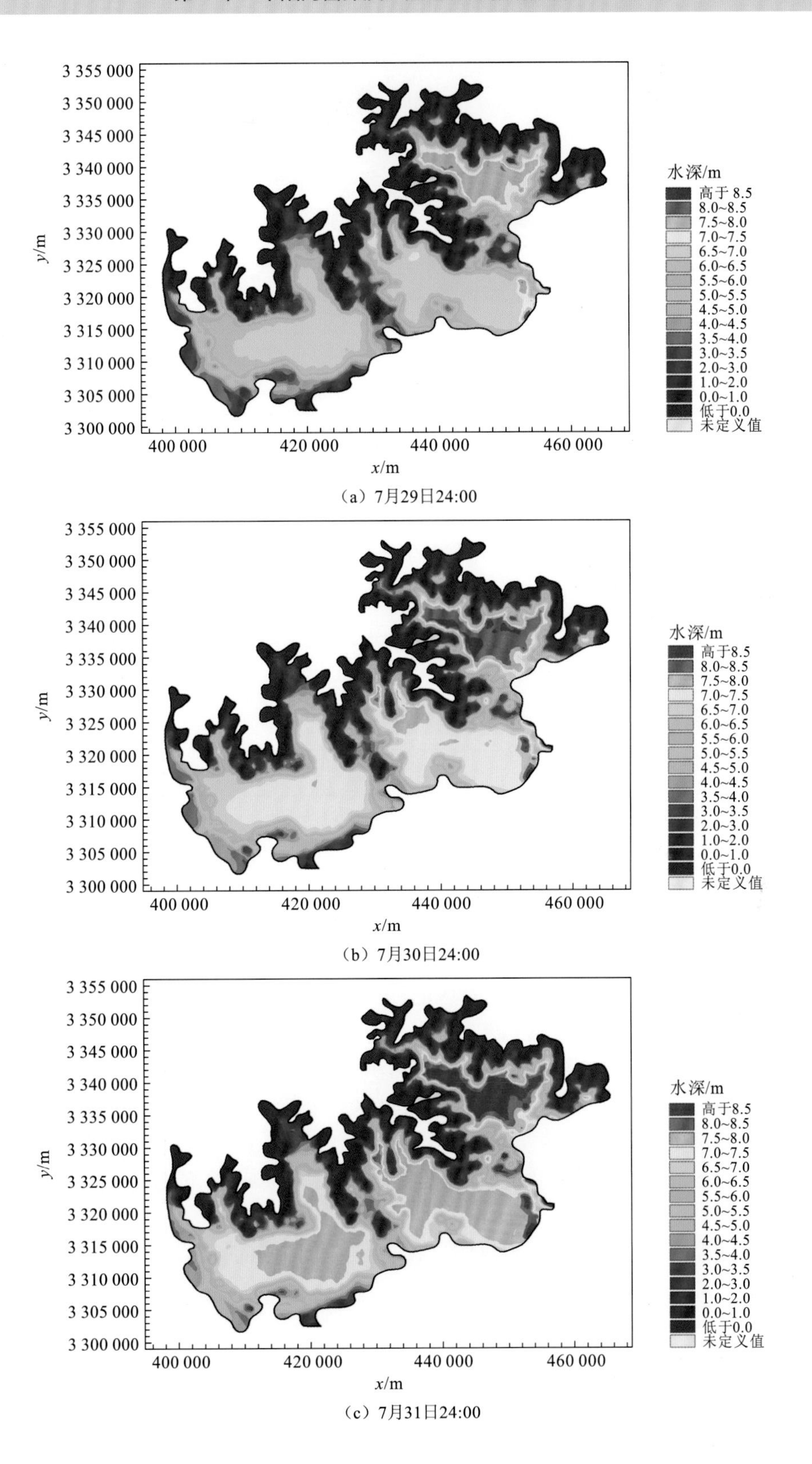

（a）7月29日24:00

（b）7月30日24:00

（c）7月31日24:00

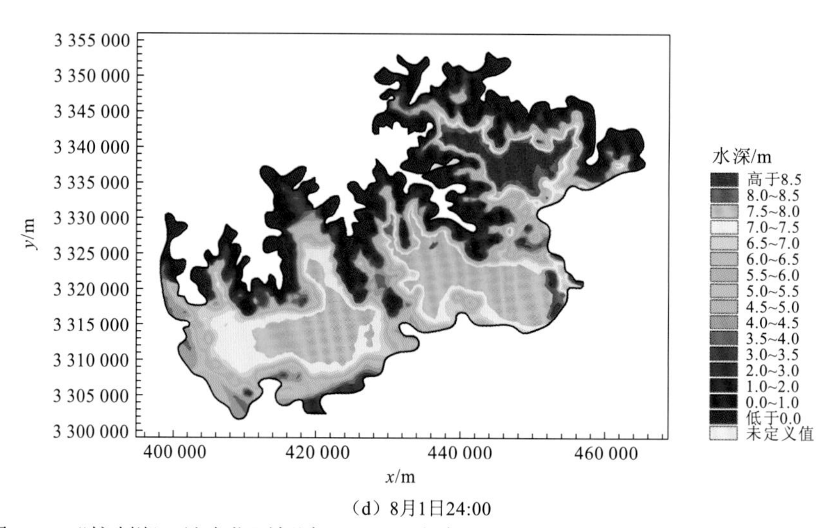

（d）8月1日24:00

图 4.6　“控制湖口站水位不超过 22.5 m”方案下 7 月 29 日至 8 月 1 日湖区水深变化

退洪期杨林退洪闸、杨湾闸、华阳闸的排水过程及内湖水位变化过程如图 4.7 所示。

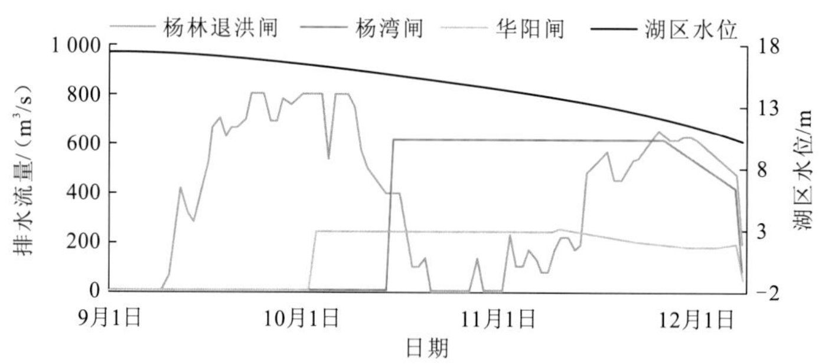

图 4.7　1954 年洪水条件下退洪过程及湖区水位变化过程图

随着外江水位降低，长江干流防洪压力减小，当杨林退洪闸处外江水位低于蓄滞洪区内水位时，即可开始排洪入江。退洪起始日期为 9 月 10 日，杨林退洪闸首先开始吐洪入江，蓄滞洪区内水位为 17.35 m，对应的外江水位为 17.33 m；随后华阳闸于 10 月 3 日开始参与退洪，此时蓄滞洪区内水位为 16.29 m，华阳闸对应的外江水位为 15.05 m；10 月 15 日杨湾闸也开始参与退洪，此时蓄滞洪区内水位为 15.51 m，杨湾闸对应的外江水位为 15.11 m；至 10 月 19 日，25 亿 m^3 蓄洪水量全部排出至外江（湖区内水位下降到 15.23 m），此阶段共需 40 d（9 月 10 日至 10 月 19 日）。此后杨林闸、杨湾闸和华阳闸继续退洪，经过 22 d（至 11 月 10 日）退至警戒水位 13.68 m 以下，再经过 28 d 之后（至 12 月 8 日），退至正常蓄水位 10.18 m。

从退洪过程来看，通过杨林退洪闸、杨湾闸、华阳闸的排洪运用，蓄滞洪区内水位平稳下降至正常蓄水位。

4.2.2　对水环境的影响

蓄滞洪区水环境预测采用平面二维水动力水质耦合模型，污染源条件考虑蓄滞洪区内土地淹没导致的土壤中污染物质溶出影响，水文条件采用 1954 年实际洪水条件下“湖口 22.50 m 开始分洪”及“控制湖口站水位不超过 22.50 m”两种分洪方案的进洪流量过程，选择化学需氧量（COD）指标、氨氮（NH_3-N）指标、总磷（TP）指标、总氮（TN）指标 4 个水质因子，模拟分析分洪前后湖区特征水质因子的变化。

1. 湖区整体水质变化情况

图 4.8～图 4.11 显示了“湖口 22.50 m 开始分洪”的运用方式下 7 月 29 日（分洪第 1 d）、7 月 30 日（分洪第 2 d）、7 月 31 日（分洪第 3 d）、8 月 1 日（分洪第 4 d，分洪结束）4 个不同时段的污染物浓度分布情况。由于“湖口 22.50 m 开始分洪”和“控制湖口站水位不超过 22.50 m”两种分洪方案计算结果差别不大，且“湖口 22.50 m 开始分洪”是实际运用中可操作性较高的方案，本节主要采用“湖口 22.50 m 开始分洪”方案的预测结果进行分析。

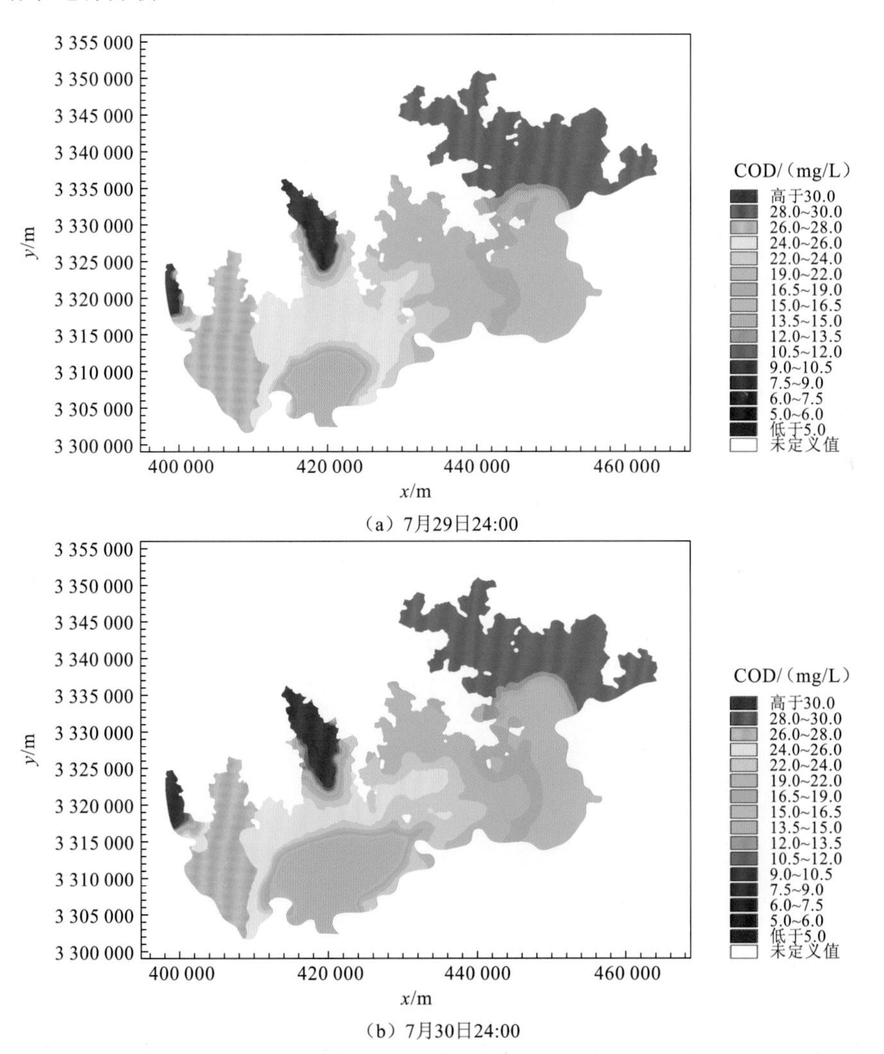

（a）7月29日24:00

（b）7月30日24:00

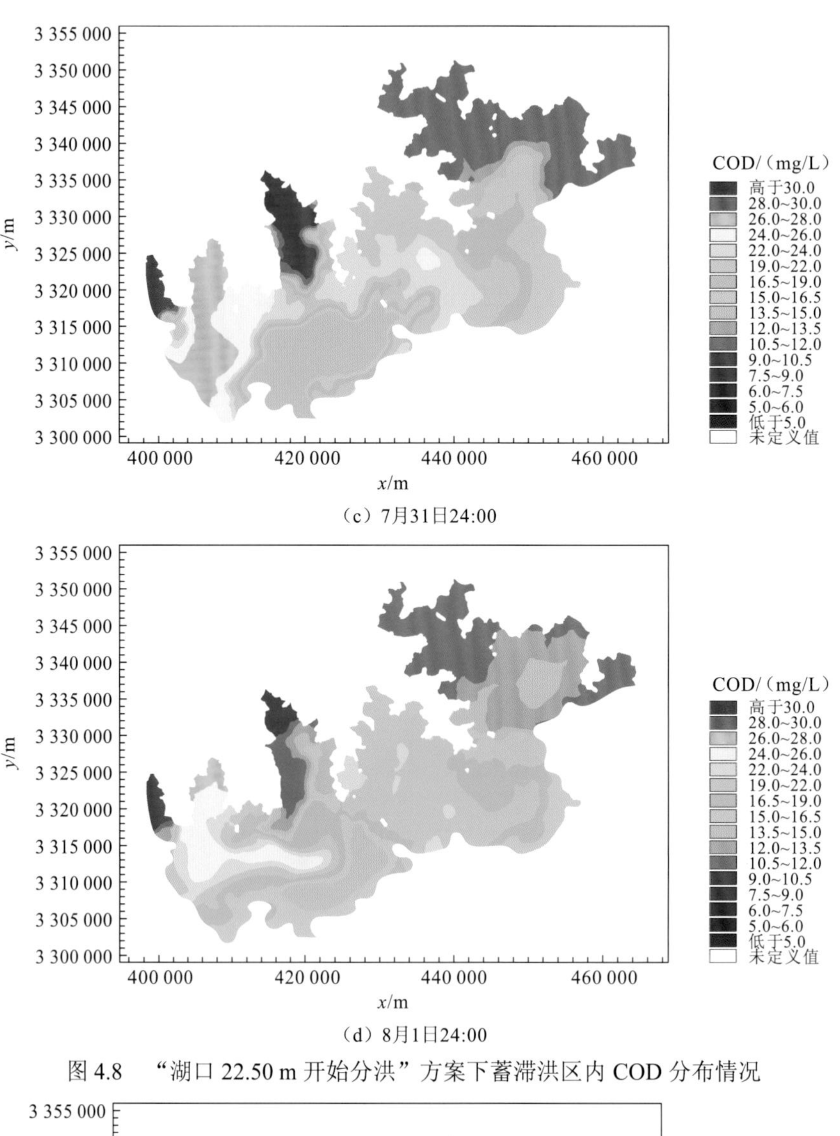

（c）7月31日24:00

（d）8月1日24:00

图 4.8 “湖口 22.50 m 开始分洪”方案下蓄滞洪区内 COD 分布情况

3 355 000
3 350 000
3 345 000
3 340 000
3 335 000
3 330 000
3 325 000
3 320 000
3 315 000
3 310 000
3 305 000
3 300 000
y/m
400 000
420 000
440 000
460 000
x/m
NH_3-N/（mg/L）
高于0.55
0.50~0.55
0.45~0.50
0.40~0.45
0.35~0.40
0.30~0.35
0.26~0.30
0.22~0.26
0.18~0.22
0.14~0.18
0.10~0.14
0.08~0.10
0.06~0.08
0.04~0.06
0.00~0.04
低于0.00
未定义值

（a）7月29日24:00

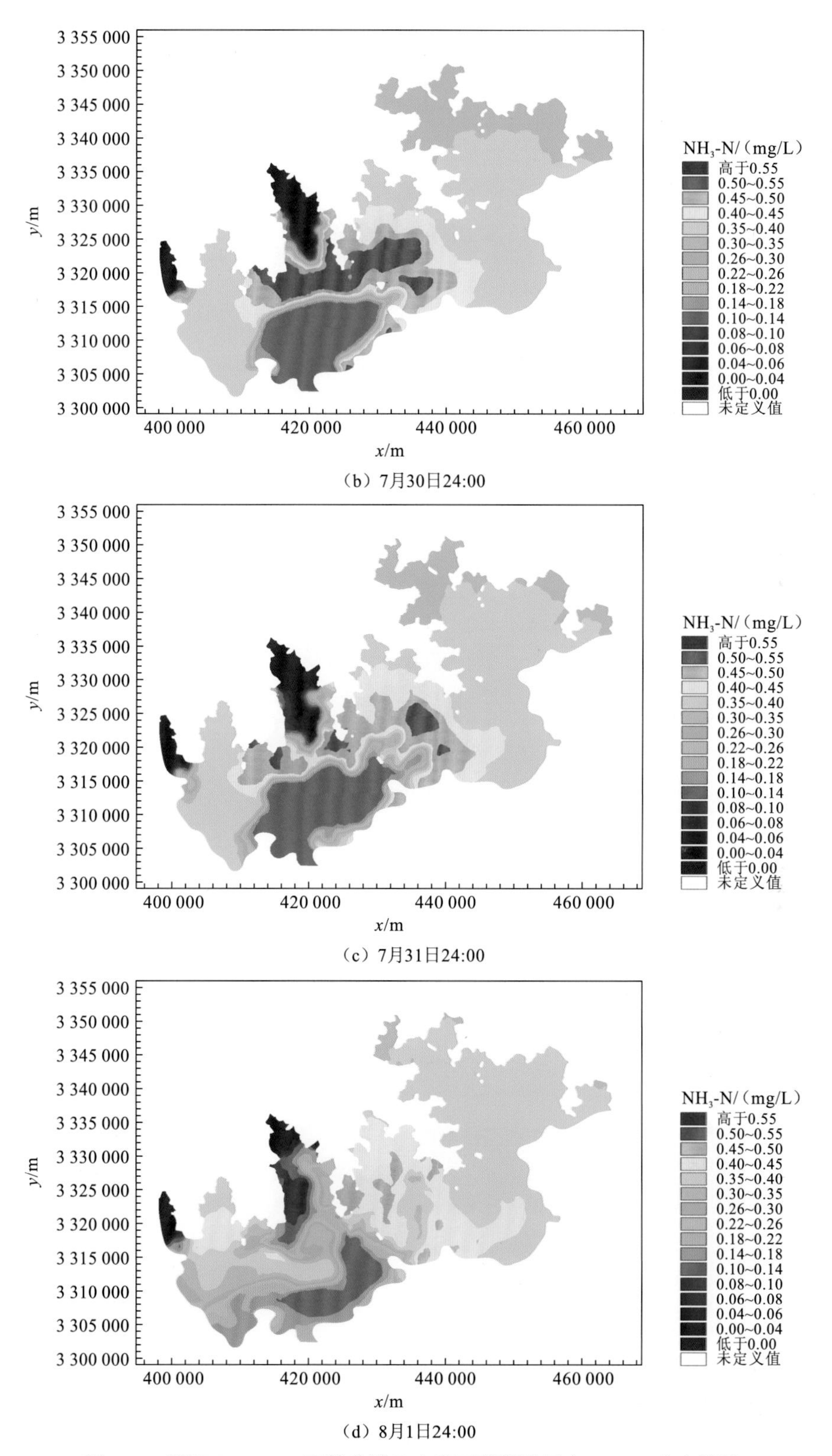

（b）7月30日24:00

（c）7月31日24:00

（d）8月1日24:00

图 4.9　“湖口 22.50 m 开始分洪”方案下蓄滞洪区内 NH_3-N 分布情况

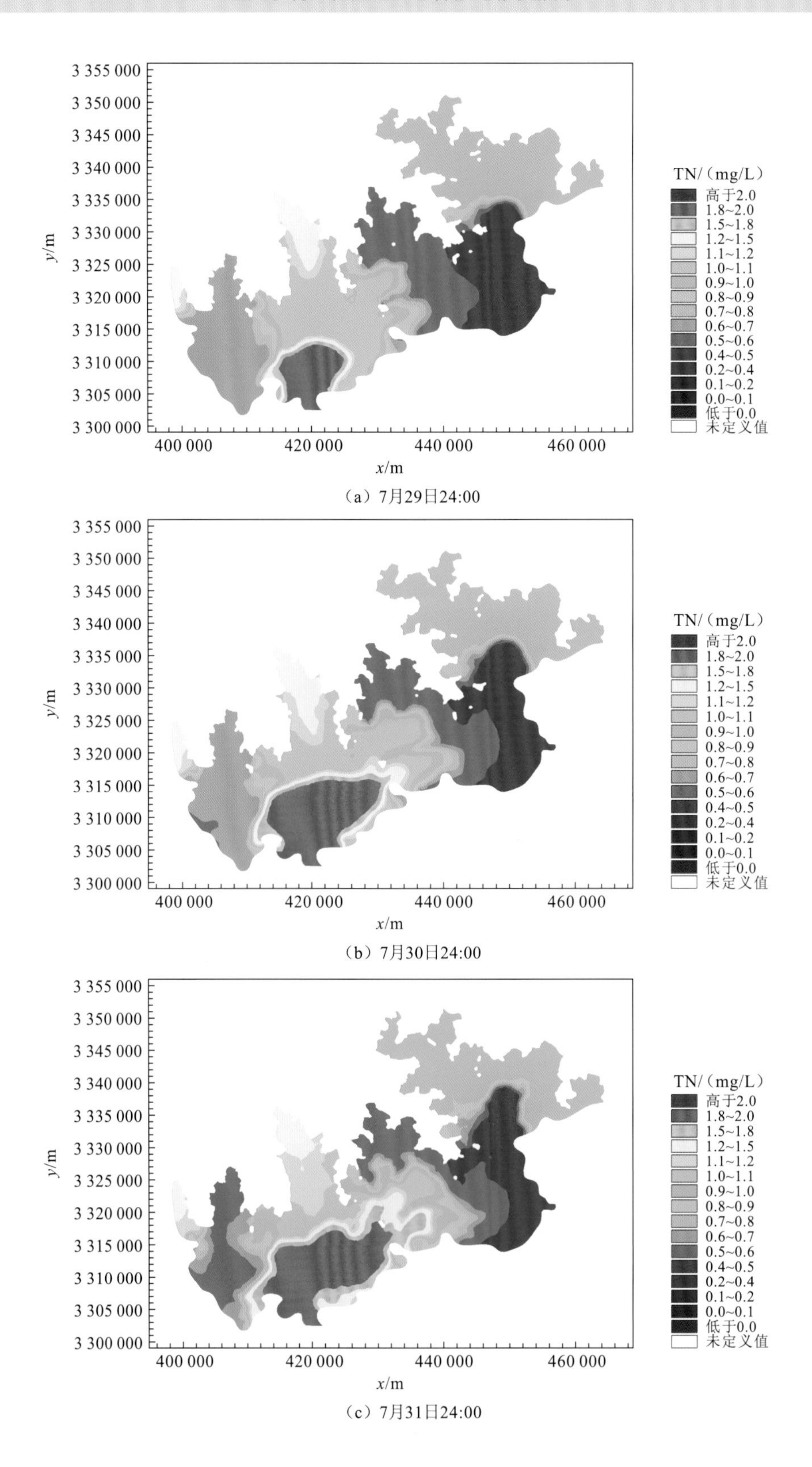

（a）7月29日24:00

（b）7月30日24:00

（c）7月31日24:00

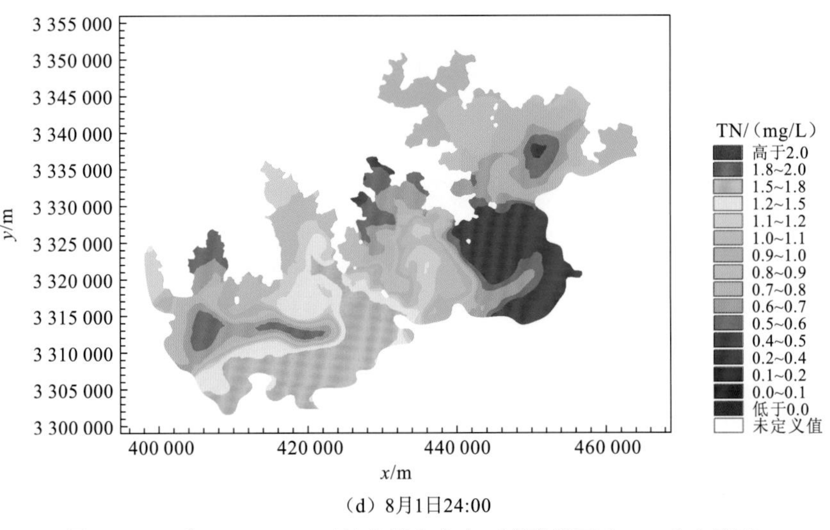

（d）8月1日24:00

图 4.10　“湖口 22.50 m 开始分洪”方案下蓄滞洪区内 TN 分布情况

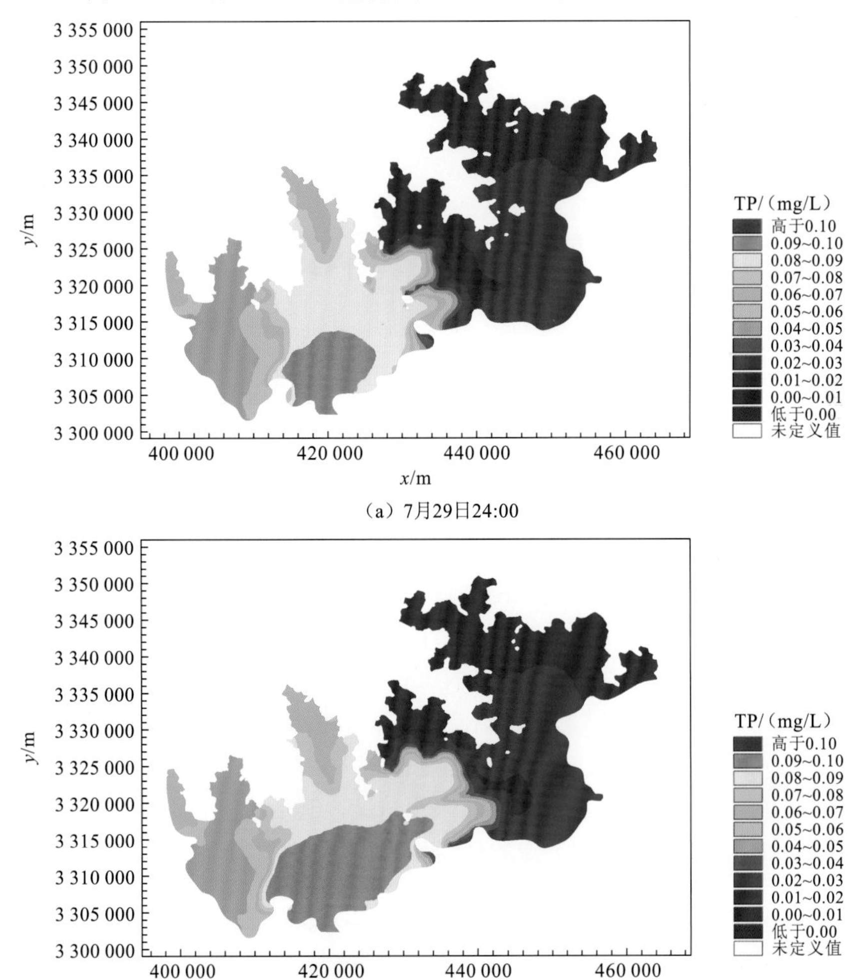

（a）7月29日24:00

（b）7月30日24:00

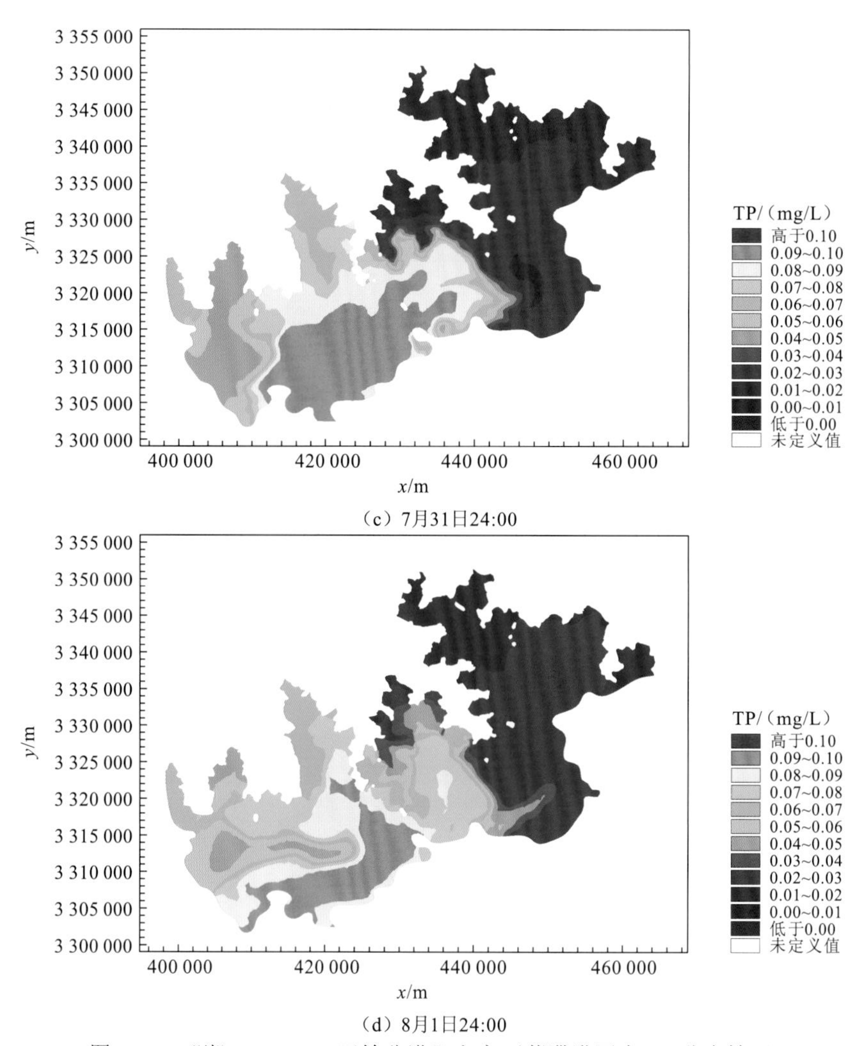

（c）7月31日24:00

（d）8月1日24:00

图 4.11　“湖口 22.50 m 开始分洪”方案下蓄滞洪区内 TP 分布情况

计算结果表明，蓄滞洪区分洪运用期间，长江进洪水质对湖区水质存在一定影响。从受影响程度来看，龙感湖距离进洪闸最近，因此受到的影响相对较大，大官湖水质受影响程度次之，黄湖和泊湖由于距离分洪口门较远，水质受分洪的影响较小。从不同水质指标的影响过程上看，长江进洪水质 TN、TP 较高，分洪期间对蓄滞洪区内水质产生持续不利影响，随着分洪结束，影响逐渐减弱；靠近进洪闸的龙感湖湖区 COD 和 NH_3-N 本底浓度较高，分蓄洪初期由于淹没区污染物短期大量析出，龙感湖湖区 COD 和 NH_3-N 浓度快速升高并超过进入蓄滞洪区的长江来水浓度，其后进入蓄滞洪区的江水对龙感湖湖区 COD 和 NH_3-N 浓度表现出一定的稀释作用。

2. 主要监测点位水质变化

蓄滞洪区内的主要监测点位龙感湖、大官湖、黄湖、泊湖的位置见图 4.12，监测点的水质变化情况见图 4.13。

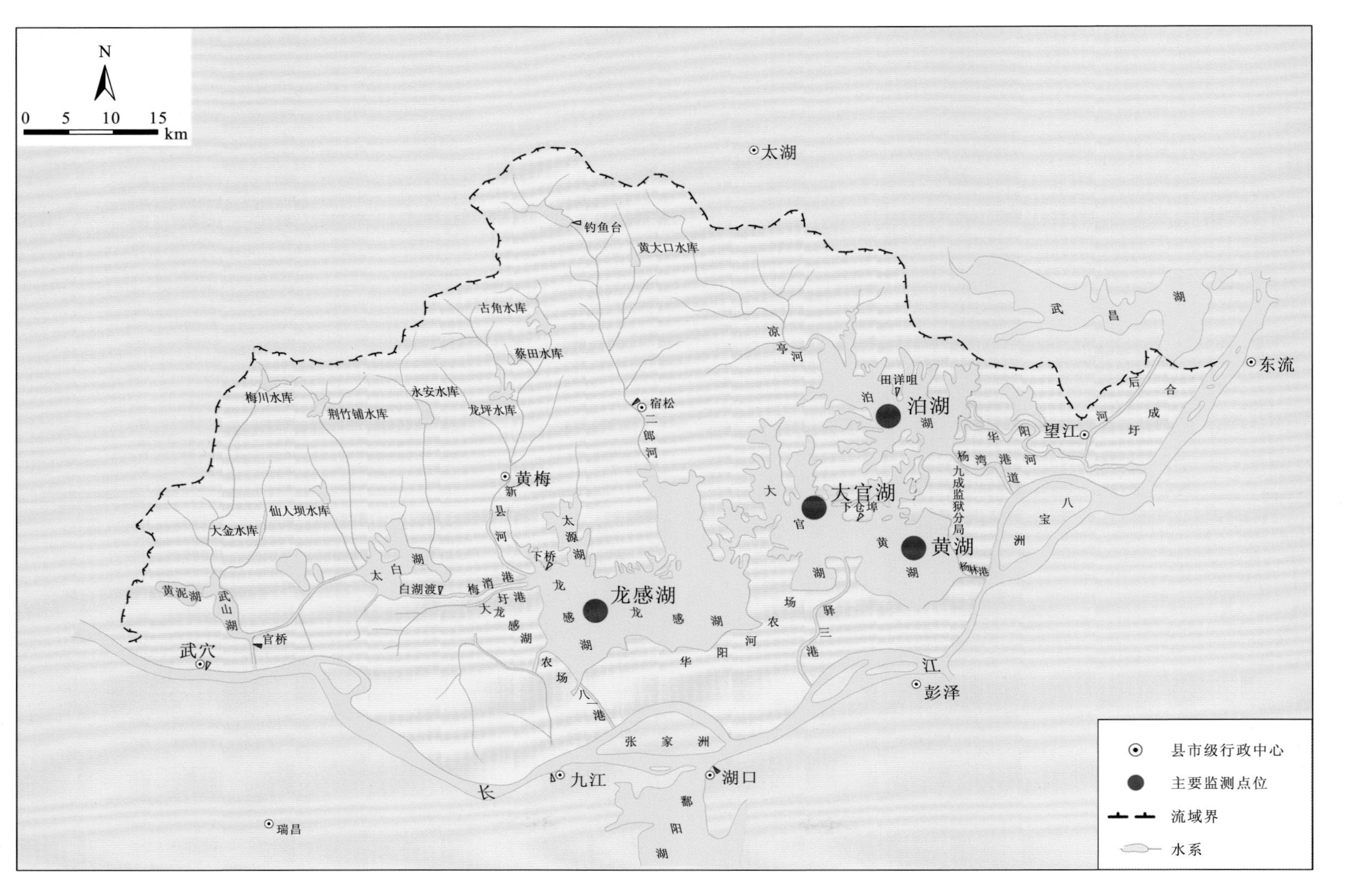

图 4.12　华阳河蓄滞洪区内主要水质监测点位分布示意图

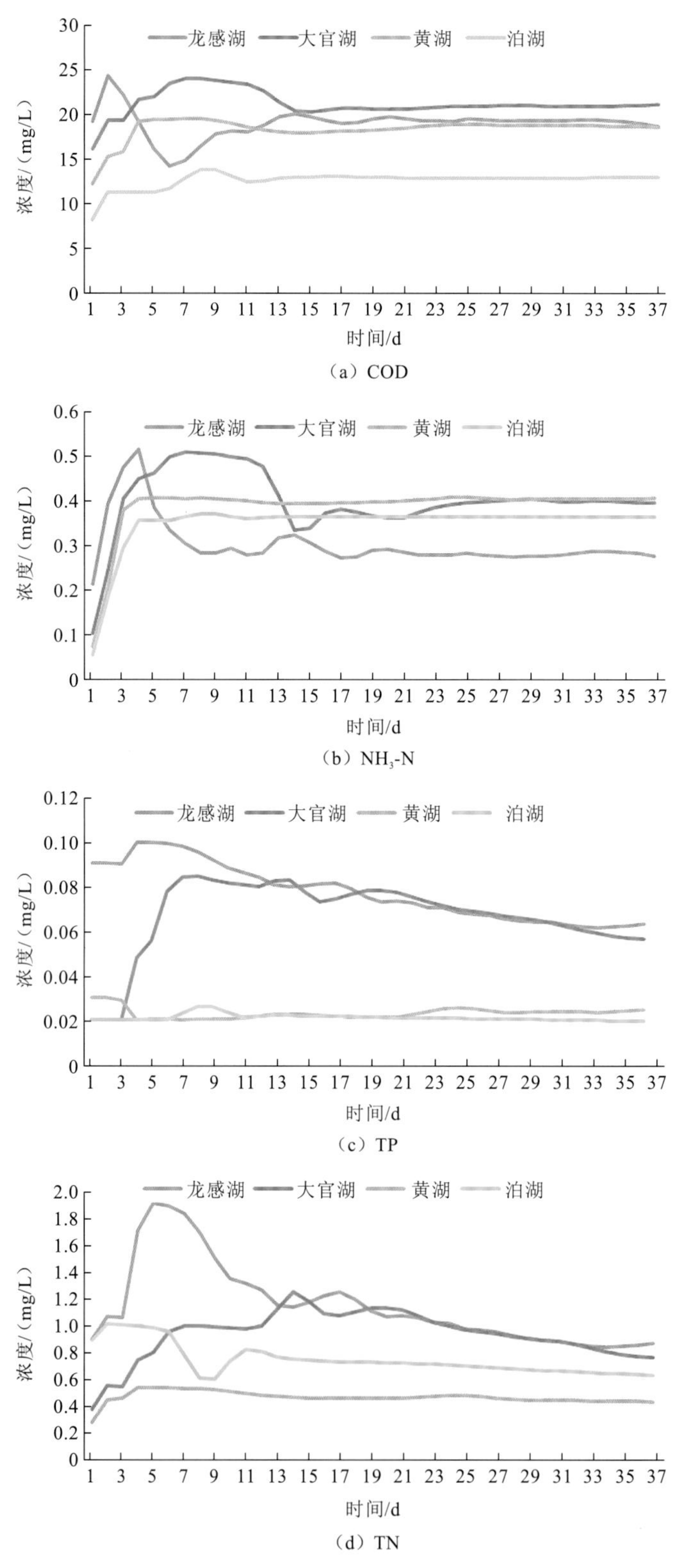

（a）COD

（b）NH_3-N

（c）TP

（d）TN

图 4.13　分蓄洪期华阳河蓄滞洪区内主要监测点位水质变化过程

计算结果表明，主要监测点位污染物浓度大部分呈现先上升后下降的趋势。分蓄洪初期，由于淹没范围内农田等面源污染物的析出，湖区污染物浓度有一定上升；分蓄洪结束后，随着污染物的扩散、降解，浓度均有不同程度的降低并逐渐趋于稳定。

4.2.3　对湿地生态的影响

1. 对湿地植物的影响

华阳河蓄滞洪区多年平均水位 10.93 m，最高年平均水位 12.36 m，汛限水位为 9.98 m，正常蓄水位 10.18 m，蓄洪底水位 15.23 m，蓄洪设计水位 17.35 m。在非蓄洪年份，蓄滞洪区内龙感湖、大官湖、黄湖和泊湖水位在 9.98～12.36 m 为主要的洲滩湿地区，面积约 2.16 万 hm^2，植被类型主要为酸模叶蓼群系、菰群系、芦苇群系、稗群系、狗牙根群系、香蒲群系、藨草群系、红穗薹草+灯心草群系等湿生植物群落，往下与马来眼子菜群系、苦草群系、黑藻+金鱼藻群系、菹草群系、小茨藻群系、槐叶萍群系、荇菜群系、菱+水鳖群系、莲群系、水蓼群系等浮叶或沉水植物群落带相接。蓄洪年份水位较非蓄洪年份有所升高，12.36～17.35 m 范围内植被也将被淹没（见图 4.14），面积约 4.57 万 hm^2，主要土地利用类型为农田、人工林和荒草地。与此同时，因高水位持续时间较长（约 3 个月），淹水较深区域的沉水、漂浮、浮叶和挺水植被带内群落将逐渐死亡。但涉及植物类型均为长江中下游常见种类，不会导致植物类群的消失。在洪水退去后，经过 2～3 年的演替，将逐渐恢复至原有水平。

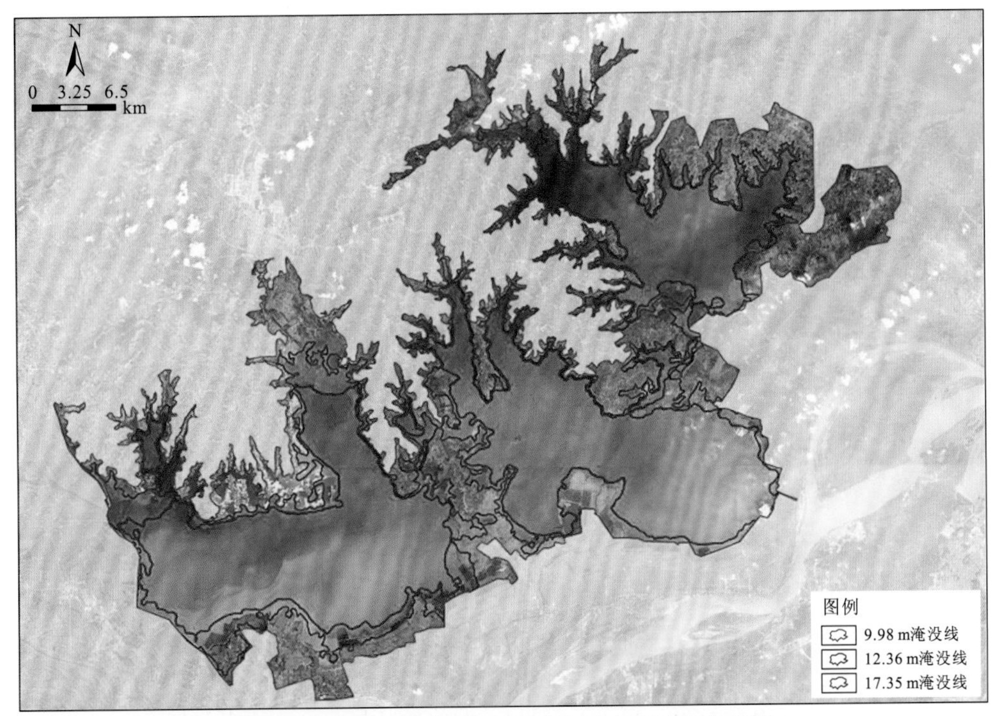

图 4.14　华阳河蓄滞洪区不同特征水位对应淹没范围

2. 对湿地动物的影响

（1）两栖、爬行和哺乳类。华阳河蓄滞洪区内栖息的喜湿地生境的两栖和爬行动物主要为黑斑侧褶蛙、湖北侧褶蛙、沼水蛙、虎纹蛙、泽陆蛙、中华蟾蜍、饰纹姬蛙、棘腹蛙、赤链蛇、王锦蛇、乌龟、鳖、黄缘盒龟等。其中，除虎纹蛙、中华蟾蜍、沼水蛙、泽陆蛙等少数种类外，大多为长江中下游地区常见种类。此外，在湖周农田、草洲等生境中，还分布有草兔、东方田鼠、黑线姬鼠等啮齿动物，也多为常见种。蓄洪淹没湖周洲滩、灌草丛和部分农田区后，原栖息于此类生境的两栖、爬行和哺乳动物向周边水田和灌草丛区域迁移。在退水后，随着其隐蔽、觅食等生境的恢复，此类物种多度和丰度将逐渐恢复。

（2）鸟类。华阳河蓄滞洪区内栖息的主要野生动物为鸟类，其中又以冬候鸟为主，包括小天鹅、苍鹭、白头鹤、豆雁、反嘴鹬、绿翅鸭等。冬候鸟一般在 10 月开始陆续聚集，至 12 月左右达到高峰，次年 1～3 月开始逐步飞离。对应湖区水位在 10 月约为 12 m，11 月约为 11 m，12 月约为 10.5 m，次年 1～3 月约为 10 m，见图 4.15。

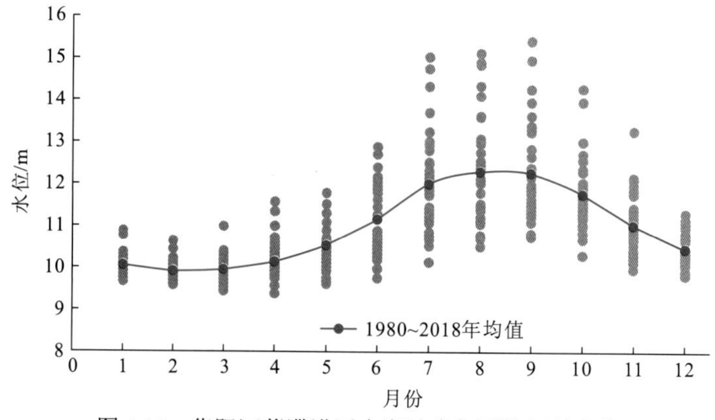

图 4.15　华阳河蓄滞洪区内湖泊多年平均逐月水位

遇 1954 年型洪水时，华阳河蓄滞洪区开始分洪时间为 7 月底，9 月上旬开始退洪，经 40d 左右（至 10 月中旬）湖区水位降至 15.23 m，再经过 50 d 左右（至 12 月上旬）湖区水位降至 10.18 m。由此可以看出，在蓄洪年份，由于蓄滞洪区内高水位持续时间长，湖周滩地不能正常出露，苦草等作为鸟类食物来源的植物不能正常完成生活史，冬候鸟的栖息和觅食生境将受到一定程度的破坏。

3. 对重要湿地的影响

在不启用华阳河蓄滞洪区分蓄洪水的情况下，蓄滞洪区内湖北龙感湖国家级自然保护区、安徽宿松华阳河湖群省级自然保护区、安徽安庆沿江湿地省级自然保护区的现有水系格局维持不变，水文情势基本无变化，保护区内泊湖水位、水面面积与现状差别不大，保护区结构功能和保护对象不受影响。

华阳河蓄滞洪区主要任务是防御 1954 年型洪水。当出现类似 1954 年洪水，华阳河蓄滞洪区启用时间在 7 月底，退洪时间在 9 月上旬，经 40 d 左右（至 10 月中旬）湖区水位降至 15.23 m，再经过 50 d 左右（至 12 月上旬）湖区水位降至 10.18 m。和一般年份相比，分蓄洪水后蓄滞洪区内重要湿地的水文情势将发生较为明显的变化，因此本节主要分析蓄滞洪区运用对重要湿地的影响。

1）湖北龙感湖国家级自然保护区

龙感湖国家级自然保护区内植物呈条带状分布，从低到高分别为沉水植物带、浮叶植物带、挺水植物带、湿生植物带，分为 13 个植物群系。其中，沉水植物群落主要有菹草群系、苦草群系，浮叶植物群落主要有浮萍群系、芡实群系、菱群系等，挺水植物群落主要有莲群系、菰群系等。除此以外，在渠道等水域中有荇菜群系分布。龙感湖国家级自然保护区内湿生、挺水等植物主要分布在 9.98～12.36 m 高程区间，面积约 3 678 hm^2。蓄洪年份水位较非蓄洪年份有所升高，12.36～17.35 m 范围内植被也将被淹没，面积约 3 257 hm^2，主要土地利用类型为农田、人工林和荒草地。与此同时，因高水位持续时间较长，淹水较深区域的沉水、浮叶和挺水植被带内群落将逐渐死亡。

冬候鸟是龙感湖自然保护区主要保护的物种，主要栖息和觅食生境为龙感湖湖周的洲滩、草滩、灌草地和部分农田。在蓄洪年份，冬候鸟越冬时间与蓄洪时间有部分重叠（10～12 月），对冬候鸟类栖息生境存在不利影响。此外，因高水位持续时间较长，湖周滩地不能正常出露，苦草、黑藻、马来眼子菜等作为鸟类食物来源的植物不能正常完成生活史，冬候鸟类觅食也会受到较为明显的不利影响。在蓄洪年份，需针对冬候鸟类采取保护措施。

保护区内夏候鸟主要有白鹭、池鹭、夜鹭、红脚苦恶鸟、水雉、普通燕鸻、灰翅浮鸥、白翅浮鸥、家燕、金腰燕、红尾伯劳、黑枕黄鹂等，这些鸟类主要集中在大堤两边的水稻田、鱼池、龙感湖湖周水生植被较为丰富的区域、岗地阔叶林、居民点等，主要以鱼虾或昆虫为食。蓄洪期间水位抬升对在湿地筑巢繁殖的类群有一定的影响，但对树上筑巢繁殖的类群没有影响。

保护区内留鸟主要包括小䴙䴘、黑鸢、红隼、游隼、环颈雉、珠颈斑鸠、山斑鸠、普通翠鸟、小云雀、白鹡鸰、八哥、大嘴乌鸦、灰喜鹊、喜鹊、大山雀、乌鸫等。其主要分布区集中在大堤草丛、灌丛和林地内，主要以植物种子、昆虫、小型哺育动物或鱼为食。这些鸟类相对来说分布较广，适应性强，蓄洪对其影响不大。

2）安徽宿松华阳河湖群省级自然保护区

华阳河湖群省级自然保护区所涉及的龙感湖（安徽）、大官湖和黄湖内植物呈条带状分布，从低到高分别为沉水植物带、浮叶植物带、挺水植物带、湿生植物带、人工林和农田植被带。其中：沉水植物带主要有穗状狐尾藻群丛、黄花狸藻群丛、黑藻群丛；浮水植被带主要有细果野菱群丛、水鳖群丛、紫萍群丛、芡实群丛；挺水植被带主要有菰群丛、芦苇群丛、水烛+菰群丛、红蓼+酸模叶蓼群丛、莲群丛；湿生植被带主要有陌上菅群丛、白茅群丛、长芒稗群丛、双穗雀稗群丛、假稻群丛、蓼子草群丛、黄花蒿群丛；

人工林主要有马尾松林、加杨林、毛竹林、香樟林和杉木林。分布范围主要在 9.98～12.36 m 高程区间，面积约 14136 hm^2，蓄洪年份水位较非蓄洪年份有所升高，12.36～17.35 m 范围内植被也将被洪水淹没，面积约 23202 hm^2，主要土地利用类型为农田、人工林和荒草地。与此同时，因高水位持续时间较长，淹水较深区域的沉水、漂浮、浮叶和挺水植被带内群落将逐渐死亡。

华阳湖省级自然保护区内鸟类以冬候鸟居多，夏候鸟和留鸟次之。每年的 10 月底越冬候鸟开始陆续迁徙到华阳河湖群，至次年的 3 月底冬候鸟由华阳河湖群陆续迁往北方，夏候鸟陆续抵达华阳河湖群进行繁殖。

水位的变化直接决定了保护区内草滩和泥滩地的面积，从而间接决定水鸟的分布。冬季水深在 1 m 以上的区域只有游禽分布；低于 20 cm 的浅水区才有鹤类、鹳类等涉禽分布；洪水完全退去，大面积的草滩形成后才能吸引大群的豆雁、白额雁等前来觅食。在蓄洪年份，冬候鸟越冬时间与蓄洪时间有部分重叠（10～12 月），对冬候鸟类栖息生境存在不利影响。此外，因高水位持续时间较长，湖周滩地不能正常出露，苦草等作为鸟类食物来源的植物不能正常完成生活史，冬候鸟类觅食也会受到较为明显的不利影响。在蓄洪年份，需针对冬候鸟类采取保护措施。

华阳河湖群夏季湖区及附近主要有苍鹭、白鹭、黑水鸡、水雉、金腰燕、家燕、红尾伯劳、丝光椋鸟、须浮鸥、环颈雉、珠颈斑鸠、大杜鹃、四声杜鹃、戴胜、棕背伯劳、黑卷尾、八哥、大嘴乌鸦、灰喜鹊、喜鹊、大山雀、乌鸫等鸟类。这些鸟类主要集中在大堤两边的水稻田、鱼池、水生植被较为丰富的区域、草丛、灌丛和林地内，主要以鱼虾、昆虫、植物种子等为食。蓄洪期间水位抬升对在湿地筑巢繁殖的类群（如黑水鸡、水雉、须浮鸥等）有一定的影响。但对树上筑巢繁殖的类群（如苍鹭、白鹭等）没有影响。大杜鹃、四声杜鹃、戴胜等分布较广，适应性强，蓄洪对其影响不大。

3）安徽安庆沿江湿地省级自然保护区

安徽安庆沿江湿地省级自然保护区所涉及的泊湖范围内湿生和挺水植物群落主要有菰群丛、莲群丛和酸模叶蓼群丛，浮叶植物群落主要有菱群丛、芡实群丛，沉水植物群落主要有苦草群丛和马来眼子菜群丛。分布范围主要在 9.98～12.36 m 高程区间，面积约 4642 hm^2，蓄洪年份水位较非蓄洪年份有所升高，12.36～17.35 m 范围内植被也将被洪水淹没，面积约 20034 hm^2，主要土地利用类型为农田、人工林和荒草地。与此同时，因高水位持续时间较长，淹水较深区域的沉水、漂浮、浮叶和挺水植被带内群落将逐渐死亡。

安庆沿江湿地省级自然保护区内鸟类种类组成与华阳河湖群省级自然保护区内较为相似。夏候鸟和留鸟根据其生活习性的不同，受蓄洪淹没的影响存在差异。其中，黑水鸡、水雉、须浮鸥等在湿地内筑巢的鸟类受影响程度较大，苍鹭、白鹭、环颈雉、珠颈斑鸠、大杜鹃、四声杜鹃、戴胜等受影响程度较低。

4.2.4 湿地生态保护对策措施

1. 湿地保护宣传教育

在重要湿地边界处设置宣传标志牌，提醒相关人员已进入保护区范围，并标明禁止捕杀野生动物等事项。在保护区周边设置宣传标志牌，宣传湖北龙感湖国家级自然保护区、安徽宿松华阳河湖群省级自然保护区和安徽安庆沿江湿地省级自然保护区的范围、边界、保护对象等相关知识。给周边群众发放宣传手册，宣传《中华人民共和国野生动物保护法》《中华人民共和国自然保护区条例》等相关法规。

2. 基于华阳河湖群湿地水文调度

华阳河蓄滞洪区启用概率较低，绝大多数年份不分洪。非分洪年份，湖区汛限水位为 9.98 m（杨湾闸调度规程），正常蓄水位为 10.18 m（杨湾闸调度规程）。根据 1980～2018 年水文数据统计，湖区平均水位在 10 月为 11.79 m，11 月为 11.04 m，12 月为 10.47 m，次年 1 月为 10.09 m，2 月为 9.95 m，3 月为 9.98 m。

从湿地生态保护的角度看，10 月至次年 3 月枯水时段湖区水位适当降低，将有利于增加洲滩出露面积。因缺乏鸟类长期固定监测数据，华阳河蓄滞洪区内鸟类多样性与湖泊水位的相关关系难以定量描述。根据安庆市野生动植物保护管理站的建议，在冬候鸟聚集的时段（10 月至次年 3 月），应适当降低湖区水位。

3. 湿地生态修复

在湖北龙感湖国家级自然保护区、安徽宿松华阳河湖群省级自然保护区和安徽安庆沿江湿地省级自然保护区内开展湿地植被恢复，为湿地鸟类提供栖息、隐蔽和觅食场所。其中：湖北龙感湖国家级自然保护区内湿地植被恢复区域为刘佐乡东喇叭湖农场（西隔堤桩号 4+635～5+270 处），面积为 11 hm^2；安徽宿松华阳河湖群省级自然保护区内湿地植被恢复区域包括复华安全区 20+180 段附近（龙感湖）、宿松县网屋、叶咀村附近（龙感湖）、宿松县西口村附近（大官湖）、宿松县杨家湖（大官湖）、宿松县新洲头附近（黄湖）和宿松县螺蛳咀附近（黄湖），总面积为 6 hm^2；安徽安庆沿江湿地省级自然保护区内湿地植被恢复区域为太湖县阮家屋附近（泊湖）和望江县驮婆咀附近（泊湖），总面积为 6 hm^2。

挺水区可栽植荻、芦苇、芦竹、菰、菖蒲、莲、荸荠、水葱、香蒲、千屈菜、高秆莎草、野芋、花蔺、石龙尾等；浮水区可栽植睡莲、芡实、萍逢草、荇菜、细果野菱、菱、水鳖、茶菱等；沉水区可栽植苦草、刺苦草、水车前、竹叶眼子菜、篦齿眼子菜、大茨藻、小茨藻、黑藻、聚草、狐尾藻、金鱼藻等。

4. 鸟类人工投食

在分洪年份，当湖区水位过高影响鸟类觅食时，协调自然保护区管理部门在保护区内鸟类集中分布区域适量投食，以帮助鸟类度过食物最短缺的时段。

5. 湿地生态监测

1）鸟类调查

主要调查鸟类种群、规模。重点调查范围为华阳河蓄滞洪区工程涉及的湖北龙感湖国家级自然保护区、安徽宿松华阳河湖群省级自然保护区和安徽安庆沿江湿地省级自然保护区，每年在候鸟越冬期（1 月）调查 1 次。

2）植被调查

对华阳河蓄滞洪区工程影响区域的整体陆生植被进行调查，调查内容包括林草植被面积、林种变化情况、灌丛和草甸生长情况，在施工准备期和施工迹地恢复 1 年后各调查 1 次。

3）湿地生态跟踪监测

对湿地植被恢复区进行跟踪监测，以便根据恢复效果优化恢复措施。监测点位为开展湿地植被恢复的区域，包括龙感湖刘佐乡东喇叭湖农场、复华安全区 20+180 段附近、宿松县网屋和叶咀村附近、宿松县西口村附近、宿松县杨家湖、宿松县新洲头附近、宿松县螺蛳咀附近、太湖县阮家屋附近、望江县驮婆咀附近。监测频次为施工后 3 年中每年 1 次。监测内容为植物种类与盖度，动物种类与多度等。

参 考 文 献

安徽省人民政府, 2013. 安徽省人民政府关于同意安庆沿江水禽自然保护区范围调整和更名的批复: 皖政秘〔2013〕231 号[R]. 合肥: 安徽省人民政府.

长江水资源保护科学研究所, 2020. 华阳河蓄滞洪区建设工程环境影响报告书[R]. 武汉: 长江水资源保护科学研究所.

董智勇, RIPAR A, 1991. 中华人民共和国政府和澳大利亚保护候鸟及其栖息环境的协定[J]. 野生动物, 3: 7-9.

水利部长江水利委员会, 2008. 长江流域防洪规划[R]. 武汉: 水利部长江水利委员会.

中华人民共和国濒危物种科学委员会, 2019. 濒危野生动植物种国际贸易公约[R]. 北京: 中国科学院动物研究所.

中华人民共和国国务院, 1981. 中华人民共和国政府和日本国政府保护候鸟及栖息环境协定[J]. 中华人民共和国国务院公报, 14: 434-438.

中华人民共和国水利部, 2009. 全国蓄滞洪区建设与管理规划[R]. 北京: 中华人民共和国水利部.

【第5章】

典型水利工程湿地生态保护与修复关键技术

5.1　典型水利工程湿地生态影响时空差异性分析

5.1.1　影响方式差异

对于水利工程，水文情势变化是导致工程运行期间大部分生态环境问题的原动力，而水文情势变化与水利工程调度运行方式关系密切。综合性水利枢纽工程、引调水工程和防洪工程调度由于工程任务不同，运用方式存在较大差别，进而导致对湿地生态影响方式上的差异。

以三峡工程为代表的水利枢纽工程，由于水库的调蓄，对坝址下游河段的流量、水位、流速和含沙量等水文要素均会造成一定影响。依据第 2 章的分析结果，三峡工程运用后，下泄沙量减少，坝下游河床冲刷，水位下降，引起荆江“三口”分沙和洞庭湖出口水位的变化，洞庭湖城陵矶 10 月同期水位降低。三峡工程对洞庭湖湿地生态的影响方式主要体现在 10 月湖区水位下降造成的草滩、泥滩地提前出露。

以引江济淮工程为代表的引调水工程，由于利用天然湖泊调蓄，将引起调蓄湖泊水文情势、水环境发生一定变化。依据第 3 章的分析结果，引江济淮工程建成后，2040 年水平年在多年平均来水条件下，冬候鸟越冬期（11 月至次年 3 月）菜子湖水位由调水前的 7.17 m 提高到调水后的 7.83 m，增加 0.66 m。引江济淮工程对菜子湖湿地生态的影响主要体现在候鸟越冬期水位抬升造成的湿地植被面积和生物量损失以及候鸟取食难度加大。

防洪工程类型多样，除分蓄洪工程启用后对蓄滞洪区内部水域影响较大外，堤防工程、河道整治工程等对河流水文情势和水环境的总体影响不大。依据第 4 章的分析结果，启用华阳河蓄滞洪区后，华阳河湖群水位将抬升 1.25～1.44 m，且高水位持续约 3 个月。华阳河蓄滞洪区运用对华阳河湖群湿地生态的影响主要是分蓄洪期间水位抬升造成淹水较深区域的沉水、漂浮、浮叶和挺水植被带内群落逐渐死亡，以及冬候鸟类的栖息和觅食生境受到破坏。

5.1.2　影响目标和对象差异

三峡水利枢纽工程调度运行对洞庭湖湿地生境的影响主要表现为水位变化情况下水域、泥滩地和草洲的相互转化。三峡水库运用后，城陵矶枯水期水位有下降趋势，总体上对东洞庭湖区湿地水域、泥滩地和草洲的影响最大。东洞庭湖冬季水鸟分布受草洲面积、水域面积、泥滩地面积、人为干扰等多因子综合作用，不同习性的鸟类对三峡水库运用引起的生境变化的响应关系并不一致，三峡水库运用初期鸟类多样性总体上并未表现出明显的下降或上升趋势。因此，从目前的研究结果来看，三峡工程对洞庭湖湿地的影响对象主要是湿地生境。

引江济淮工程对菜子湖湿地生境的影响主要表现在候鸟越冬期菜子湖水位变化对湿地出露的影响，调水后湖区水位变化特别是候鸟越冬期水位变化将引起菜子湖泥滩地和草本沼泽湿地出露面积的变化。湿生植物方面，菜子湖候鸟越冬期水位抬升将影响一定范围内的泥滩地和草本沼泽湿地出露，对陌上菅群丛、朝天委陵菜群丛、肉根毛茛群丛等湿生植物群落的种群数量和分布范围产生一定影响，规划水平年 2040 年菜子湖区泥滩地和草本沼泽出露面积最大减少 1 466 hm^2，最大减幅 13.9%，将带来穗状狐尾藻、金鱼藻、肉根毛茛、陌上菅和虉草等湿地植被损失。湿地动物方面，泥滩地和草本沼泽的减少将造成白头鹤、白鹤、东方白鹳、白琵鹭、大白鹭等重要冬候鸟栖息和觅食范围缩小，影响其栖息和觅食。因此，引江济淮工程对菜子湖的湿地生境、湿地动物和湿地植物都将造成较为明显的影响。

华阳河蓄滞洪区在分洪运用时，蓄滞洪区内龙感湖、大官湖、黄湖、泊湖等湖泊水位抬升。按照蓄滞洪区调度原则，遇 1954 年型洪水，7 月底分洪，9 月上旬开始退洪，经 40 d 左右（至 10 月中旬）湖区水位降至 15.23 m，再经过 50 d 左右（至 12 月上旬）湖区水位降至 10.18 m。蓄洪年份，蓄滞洪区内高水位持续时间长，华阳河湖群的湖周滩地不能正常出露，苦草等作为鸟类食物来源的植物不能正常完成生活史，冬候鸟的栖息和觅食生境受到破坏，对湿地生境、湿地动物和湿地植物都将造成一定的影响。

综上，三峡工程对洞庭湖湿地生态的影响目标和对象主要是湿地生境，引江济淮工程和华阳河蓄滞洪区工程运用对湖泊湿地生境、湿地动物和湿地植物都将造成一定的影响。

5.1.3　影响程度差异

三峡工程对洞庭湖湿地生态的影响范围主要是与城陵矶水位关系密切的东洞庭湖区、南洞庭湖东部和西洞庭湖北部。三峡工程运行后，10 月城陵矶水位降低主要影响湿地水域、泥滩地和草洲的面积，但目前来看对冬候鸟未产生明显影响。随着三峡工程的运行，江湖关系仍在不断变化调整，影响将长期存在并随着城陵矶水位和“三口”分流比的变化而变化。

引江济淮工程影响范围主要是湖区水位抬升区域。工程运行后湖区水位长期维持在一个高度，会导致受水位抬升影响区域无法完成晒滩、露滩，因此影响是长期存在的，而且影响范围会随水位抬升幅度而变化，其影响程度相对较高。

蓄滞洪区运用时，对蓄滞洪区内湿地生境、湿地动物和湿地植物影响都较大。但蓄滞洪区运用概率很小，且待退洪完成后，蓄滞洪区内湿地生态将逐步恢复至分洪前的状态。从总体上看，蓄滞洪区工程建设运行对湿地生态的影响具有偶发性，影响程度较低。

5.2　水利工程湿地生态保护与修复技术

5.2.1　基于湿地水文节律的水利工程调度方案

针对水利工程对湿地水文情势的影响，制定典型水利工程（水库、控制闸）调度运行方案。三峡工程主要考虑维护坝下游重要湿地（如洞庭湖、鄱阳湖等）的水文节律；引江济淮工程与枞阳闸、华阳河蓄滞洪区工程相关的多个控制闸群的调度方式等主要是通过开、关闸直接调节水位，维护直接受影响的重要湖泊湿地（菜子湖、华阳河湖群）的水文节律，从而实现对湿地生态的保护。通过水利工程调度维护湿地水文节律是水利工程在湿地保护中的关键技术之一。

1. 水库工程湿地保护调度

根据实测资料统计：与 1981～2002 年相比，南咀站、小河咀站、鹿角站和城陵矶站 2003～2016 年的 8～11 月平均水位分别下降 0.82、0.76、1.24、1.27 m；各站 10 月变化幅度最大，城陵矶站 2003～2016 年的 10 月平均水位较之 1981～2002 年下降 2.24 m（徐长江 等，2019）。

由此可见，通过三峡水库的优化调度补偿下游水量，减缓三峡蓄水期洞庭湖水位下降趋势，特别要控制 10 月下旬水位。

三峡水库在 10 月开始蓄水，由于蓄水量大，蓄水期间下泄流量一般比入库流量减少较多，加上汛后天然来水量也在逐步下降，水库蓄水与各方面用水要求之间出现较大的矛盾。三峡水库运用以来，各方对此问题高度重视，为了既能蓄满水库完成设计任务，又能较好地满足下游用水的要求，开始进行汛末起始蓄水的时间较原初步设计适当提前、在来水尚丰沛的 9 月中下旬开始适度蓄水以减轻 10 月蓄水压力、适当增加蓄水期间下泄流量等调度方式的研究。2009 年根据提前蓄水调度运行的实践，经过蓄水期间各方面对下泄流量的要求、汛期洪水特性、泥沙淤积等方面综合分析后，水利部提出《三峡水库优化调度方案》，即水库 9 月 15 日开始蓄水，并采取分级控制蓄水上升进程的蓄水调度方式（中华人民共和国水利部，2009）。

越冬珍稀鸟类到达洞庭湖的时间为 10 月底 11 月初，若能提前蓄水，在 10 月中旬完成蓄水过程，则对越冬珍稀鸟类的影响将大大减少。若难以在 10 月中旬完成蓄水，则尽量减缓 10 月中旬以后的蓄水过程，使东洞庭湖旬均水位下降幅度控制在 0.2 m 以内，以缓解水位下降过快对越冬珍稀鸟类的觅食和栖息影响程度。

根据天然水位资料统计得到洞庭湖最低生态水位，在此基础上根据东、南和西洞庭湖的水位—容积曲线求得最小生态需水量（表 5.1），并以此作为约束条件，进行水库优化调度研究，平水年优化调度方案可使洞庭湖最小生态需水满足度从常规调度的 85.40% 提高至 89.44%，从而减缓水库蓄水对洞庭湖的不利影响（戴凌全 等，2016）。

表 5.1　洞庭湖最低生态水位和最小生态需水量

时段	最低生态水位/m			最小生态需水量/（亿 m^3）
	东洞庭湖	南洞庭湖	西洞庭湖	
9 月上旬	26.42	28.80	31.50	60.42
9 月中旬	25.57	28.69	31.35	52.94

续表

时段	最低生态水位/m			最小生态需水量/（亿 m^3）
	东洞庭湖	南洞庭湖	西洞庭湖	
9 月下旬	24.69	28.14	30.06	40.95
10 月上旬	23.95	27.86	29.77	35.48
10 月中旬	23.21	27.62	29.48	31.39
10 月下旬	22.58	27.47	29.23	28.64

对比三峡水库 2010～2016 年实际调度方案、初设调度方案、优化调度方案以及规程调度方案四种条件下三峡水库蓄水对洞庭湖湖区的水位影响，见表 5.2（徐长江 等，2019）。从表 5.2 中可以看出，实际调度对水位的影响要小于其他几种调度方案，初设调度方案、优化调度方案以及规程调度方案中，规程调度方案对 10 月水位的影响相对较小。

表 5.2　不同蓄水方案对鹿角站多年平均水位影响分析　（单位：m）

时段	实际调度方案	初设调度方案	优化调度方案	规程调度方案
9 月上旬	-0.43	—	—	—
9 月中旬	-1.30	—	-0.78	-1.62
9 月下旬	-1.43	—	-1.61	-1.52
10 月上旬	-1.51	-1.70	-2.10	-2.07
10 月中旬	-1.32	-2.83	-2.49	-2.00
10 月下旬	-0.83	-1.74	-1.08	-0.66
11 月上旬	—	-0.67	-0.45	-0.40
11 月中旬	—	-0.39	-0.10	-0.11
11 月下旬	—	—	—	—
旬均	-1.14	-1.47	-1.23	-1.20
10 月平均	-1.22	-2.09	-1.89	-1.58

2. 闸控工程湿地保护调度

引江济淮工程的建设运行将在一定程度上改变菜子湖的水文情势，为满足菜子湖湿地水文节律需求，针对菜子湖枯期水位分别按不超过 7.5 m 和 8.1 m 控制与湖泊湿地生态系统保护存在的不适应性问题，提出枞阳闸调控枯期水位、促使湿地晒滩出露等多目标协同提升的湖泊水文节律优化调控方法，拟定菜子湖适应性水位调控方案。通过水位适应性调度试验研究，优化运行期菜子湖水文节律调控方案。

1）关键水文要素值确定

水位变化是影响湖泊生态系统的最主要环境要素之一，湖泊的物理形态、湿地生物及湿地生境演替直接或间接受水位的控制。众多研究表明，水位的高低、出现时间以及变化速度与湖泊生态系统的结构和功能密切相关。菜子湖适应性水位调度试验方案的关键是确定反映湖泊水位变化过程的关键水文要素。

水鸟作为菜子湖自然生态系统的指示生物，其数量和分布受到水位变化影响。过高或过低的水位可通过影响植被生长和鸟类觅食生境对水鸟生存造成不利影响；高水位或低水位的持续时间对浅水区和泥滩地生存的水鸟种群数量有重要影响；高、低水位的发生时间是洲滩地植被组成和多样性的控制因素之一，可进一步影响菜子湖鱼类生长和水鸟栖息生境；水位上升与下降过程对维持湿地植被组成及分布有重要作用。因此，从湖泊生态系统健康的要求出发，菜子湖水位调控需要反映典型水位的变化过程。考虑到菜子湖水位适应性调度在枯水期进行，工程对水位的调控主要是枯水期水位的抬升，确定菜子湖水位调控的 5 个要素：低水位值、低水位发生时间、低水位历时、水位上升速率和水位下降速率。

低水位值：考虑到候鸟越冬期菜子湖水鸟的觅食需求，结合引江济淮工程运行对湿地生境的影响，提出的菜子湖水位调控方案，适应性调度期间，水位抬升幅度总体上按照不超过逐日多年平均水位 60 cm 进行控制（候鸟越冬期水位抬升至 8.1 m 方案按照水位抬升幅度不超过逐日多年平均水位 90 cm 控制）。

低水位发生时间：1956～2018 年多年平均情况下，菜子湖最低水位最早出现时间为 1 月中旬。适应性调度期间，最低水位发生时间按照 1 月中旬进行控制。

低水位历时：1956～2018 年多年平均情况下，1 月上旬至 2 月中旬，菜子湖水位维持在 6.88～6.91 m 的较低水位上，无明显变化。适应性调度期间，在 2 月中旬前亦维持在较低水位，从 2 月下旬开始逐渐抬升水位。

水位上升速率和下降速率：菜子湖水位的上升和下降速率年际和年内存在一定波动，采用变异性范围法（range of variability approach，RVA），取 33%和 67%分位数作为水位变化速率控制的上、下限，见表 5.3。

表 5.3　菜子湖 11 月至次年 3 月逐旬水位变化速率统计表　（单位：m/d）

月份	旬	33%分位数	67%分位数	多年平均
11 月	上旬	−0.069	−0.026	−0.044
	中旬	−0.064	−0.016	−0.036
	下旬	−0.053	−0.011	−0.030
12 月	上旬	−0.046	−0.007	−0.028
	中旬	−0.023	−0.001	−0.014
	下旬	−0.012	0.000	−0.009

续表

月份	旬	33%分位数	67%分位数	多年平均
1月	上旬	−0.003	0.003	0.000
	中旬	−0.001	0.004	0.001
	下旬	−0.004	0.001	−0.002
2月	上旬	−0.002	0.004	−0.001
	中旬	−0.003	0.008	0.006
	下旬	−0.001	0.010	0.010
3月	上旬	−0.007	0.008	0.007
	中旬	−0.007	0.009	0.004
	下旬	−0.015	0.012	0.006

2）适应性水位调度试验方案

适应性调度期间，逐步抬高候鸟越冬期菜子湖水位至 7.5 m，并视来水情况相继实施 8.1 m 方案。考虑到菜子湖 11 月 1 日的多年平均水位即达到 8.49 m，适应性调度期间 11 月水位适当抬高，不限制于不超过 7.5 m 或 8.1 m，但在 12 月 1 日前需控制菜子湖水位逐步消落至 7.5 m 或 8.1 m。

在满足关键水文要素指标值控制要求的前提下，逐步减小消落期水位下降速率，增大上升期水位抬升速率，抬高各年最低水位，并尽量维持菜子湖原有水文节律，推求适应性调度期间菜子湖水位过程。其中，考虑到 8.1 m 方案的低水位也不宜较历史情况抬升过高，该方案从 12 月 1 日开始，按照时段水位适宜下降速率控制水位消落过程，在 1 月中旬消落至年度最低水位控制，至 2 月中旬维持在此水位附近。

3）适应性水位调度试验研究

考虑引江济淮工程运行对水位的调度需求，在试验期（涵盖施工期）同步开展菜子湖湿地植被和湿地生境、水鸟（包括种类、种群数量、栖息地类型、食性、迁徙规律等）、湿地环境因子（包括湿地水位、水深等）连续监测，分析不同水位下的菜子湖湿地生境及水鸟种群数量和空间分布格局，研究湿地生境、水鸟种群数量及空间分布格局、群落结构和取食集团结构对水位变化的响应机制。在冬候鸟越冬期，通过枞阳闸控制菜子湖水位，开展适应性水位调度试验研究，分析不同水位调度方案对菜子湖湿地生境、水鸟种群数量及空间分布格局、群落结构及取食集团结构变化的影响。最后，研究提出菜子湖水位优化控制方案及生态保护措施优化和调整建议等。

5.2.2　基于水利工程影响的湿地生态保护与修复关键技术

1. 湿地生境局地再造

湿地生境局地再造一般适用于有同源弃土（弃泥、弃砂）的水利工程，已有长江口地区航道工程疏浚砂利用成功实践等。

引江济淮工程运行期将引起菜子湖候鸟越冬期水位较天然状态下产生 0.5～1.1 m 水位抬升，将影响候鸟越冬期 7.0～8.1 m 湖滩湿地生境渐次出露，进而降低候鸟越冬期水鸟的适宜生境的面积。为降低工程运行后水位抬升对湿地生态的不利影响，结合菜子湖宽浅型的地形特点，以及航道区域疏浚产生的疏浚底泥（质）情况，可对菜子湖局部区域进行湿地生境再造。湿地生境局地再造主要目的是满足沉水植物完成其生活史及候鸟越冬期水鸟对适宜水深的需求。局地生境再造除了可以满足沉水植物、浮叶植物、挺水植物等湿地植物适宜水深需求外，还可满足候鸟越冬期水鸟栖息、觅食等需要，为候鸟越冬期水鸟提供植物块根、块茎、鱼、虾、螺等食物来源。

菜子湖区域实施局地生境再造共 44.60 hm^2，修复区域分布见图 5.1。试验性修复工程选择公元村南侧区（东片区和西片区）和狮岭村北侧区，3 块试验区均位于菜子湖国家湿地公园内。先期实施的试验性修复工程产生良好的效果后再在项目区其他区域推广。

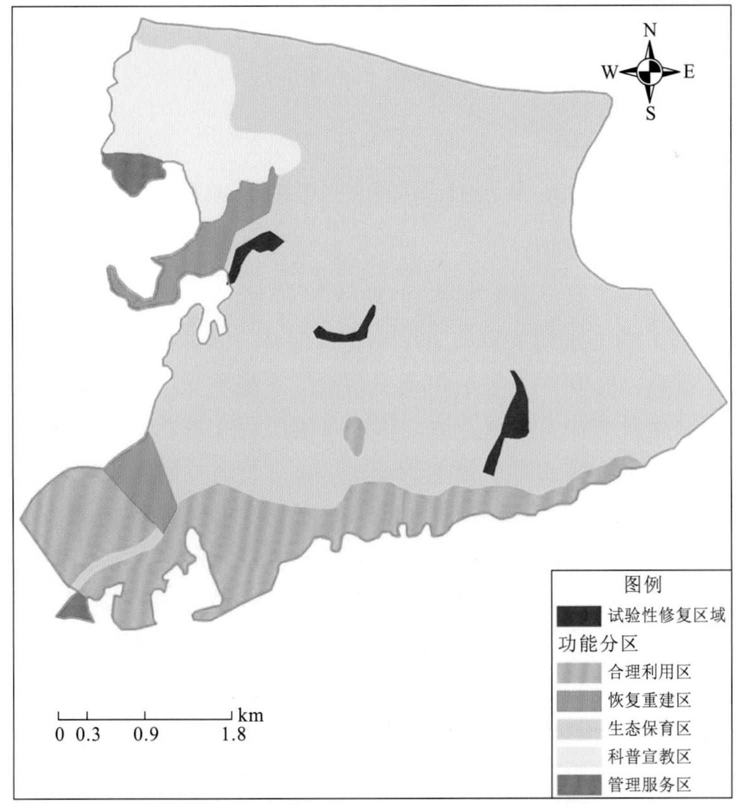

图 5.1　菜子湖湿地生境再造试验区图

为掌握试验性修复区域地形情况及湖区内原有子堤、道路、建筑物的规模、控制高程及结构形式等，于 2020 年 8 月实测了试验性修复区域地形。利用无人机航飞的高程点数据进行数字高程模型（digital elevation model，DEM）建模，生成等高线数据，获取待改造区域的地形高程情况，见图 5.2。

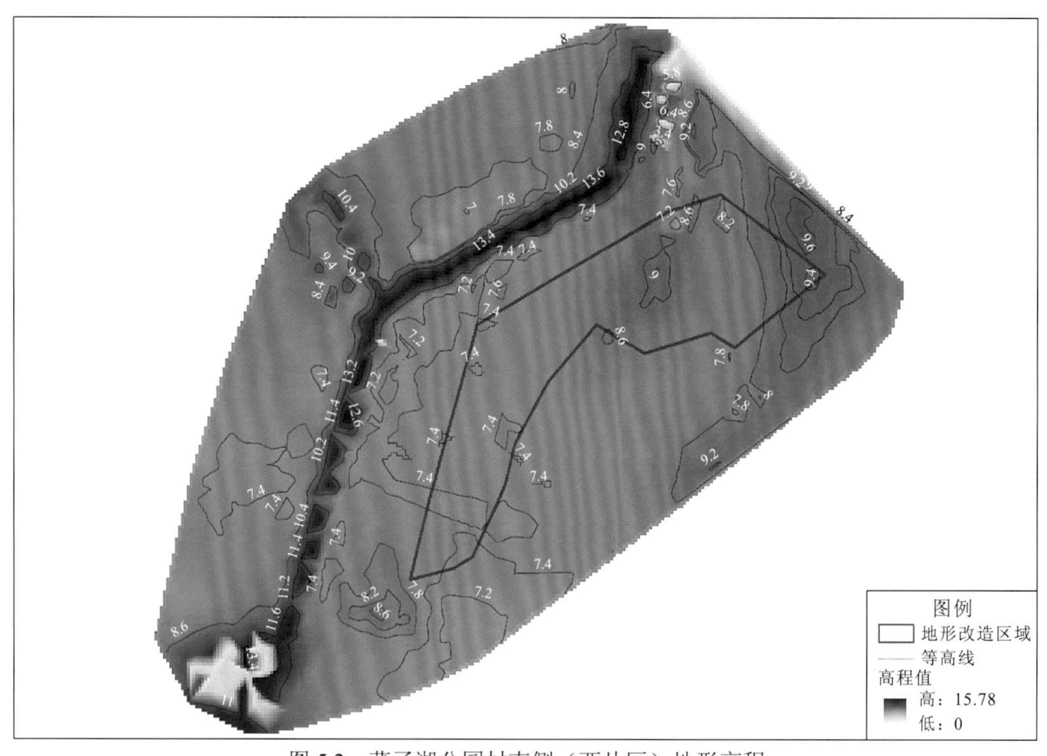

图 5.2　菜子湖公园村南侧（西片区）地形高程

根据菜子湖主要湿地植物种类生长节律及植被季节变化特征分析，菜子湖水生植物如苦草、黑藻、金鱼藻、狐尾藻等基本在 3～5 月萌发，6～8 月是其生长高峰期。引江济淮工程运行后菜子湖丰水期水位与工程实施前保持一致，菜子湖平均水深为 2.5 m。引江济淮工程运行后，在 9～11 月下旬菜子湖水位下降至一年中的最低水位前，其湿地植物基本维持原有生长节律及出露范围。引江济淮工程实施对水生植物的影响范围主要在菜子湖航道带状区域，丰水期航道水深超过 4 m。航道及航道沿线一定范围内不适宜沉水植物生长，航道以外的菜子湖其他区域仍然能维持水生植物适宜生长环境。2017 年以前，菜子湖养殖面积占湖区面积 90%以上，多为围网和网箱养殖，且湖区内建有大量土堤（土堤高为 0.5～1 m），受水产养殖影响菜子湖沉水植物分布面积极小。2018 年以来，引江济淮工程治污规划实施后，拆除围网和网箱养殖为菜子湖水生植物的修复提供了有利条件。

对不同阶段湿地植物种类组成和不同阶段主要湿地植被类型的分析结果表明：1999～2004 年，菜子湖以草型湖泊生态系统为主，植被丰富，盖度达到 80%以上。一些具有低光补偿点、种子量大或生活力强的种类为水生植物群落的优势种，群落类型以苦草单优群丛及黑藻共优群丛为主，群丛内散生竹叶眼子菜、小茨藻、菹草、狐尾藻、金鱼藻等（高攀 等，2011）。

从植物生长节律及对水深的要求来讲，地形改造主要是为了尽量满足沉水植物完成其生活史对水深的需要。根据前述分析，历史上菜子湖水生植物覆盖度高达 80%以上，而且群落类型以苦草单优群丛及其与黑藻共优群丛为主，表明菜子湖的水文节律满足苦草、黑藻、金鱼藻、大茨藻等沉水植物对水位波动和水深变化的需求。但考虑候鸟越冬期水位抬升，会从某种程度上影响沉水植物的露滩、晒滩过程。因此，需在候鸟越冬期进行微地形改造，并在微地形改造的基础上结合表土剥离进行基质覆盖，满足候鸟越冬期沉水植物的露滩、晒滩过程，为喜食沉水植物块根、块茎的水鸟提供觅食生境和食物来源。

根据 2020 年 8 月实测的试验性修复区域水下地形，公元村南侧（西片区）修复区域的东北侧部分整体地形高程基本在 7.9 m 以上，既能满足近期水平年菜子湖水位按不超过 7.5 m 动态调控时露滩的需求，也能满足远期水平年按不超过 8.1 m 动态调控时露滩或维持浅水水域的需求。但公元村南侧（西片区）修复区域的西南侧部分整体地形高程基本在 7.4～7.9 m，能满足近期水平年按不超过 7.5 m 动态调控时露滩或维持浅水水域的需求（水深<0.5 m）。当远期水平年菜子湖按不超过 8.1 m 动态调控时，部分区域将无法完成湿地及沉水植物晒滩、露滩过程，对以潜水捕食或飞捕水面食物为捕食方式的深水取食水鸟无明显不利影响，但对以草滩、泥滩地、浅水区为取食基质采用挖掘和啄取取食、头部入水取食、拾取取食的水鸟会造成一定不利影响。因此，需对公元村南侧（西片区）修复区域的西南侧约 6 hm^2 的区域进行微地形改造。为尽量营造多样化的缓坡地形，可采用阶梯式抬高的方法对该修复区域的局部区域进行适当垫高（不超过 60 cm），抬升后垫高区域最大高程不超过 8.5 m，使得地形改造区域的高程维持在 7.4～8.5 m，公元村南侧（西片区）试验性修复区域整体高程维持在 7.4～9.4 m。局部区域高程抬升后，7.4～8.5 m 高程区域的面积按 0.2 m 的高程差分布，占比分别为 22%、24%、26%、12%、10%、6%。地形改造时，需同时考虑改造后的地形与周边地形的融合度，避免出现陡坡、沟堑和孤立台地。同时，地形改造区域应不改变整体地形的结构，原地形相对较高的区域设计高程仍然相对较高，原地形相对较低的区域设计高程仍然相对较低。

2. 湿地植被恢复技术

湿地植被恢复技术在长江中下游大部分湖泊湿地较为适用，主要结合湖泊水文特征、受工程影响的特点、湿地植物的生长适宜性特性等，综合考虑适用的湿地植物恢复技术及其要求。

1）湿地主要植物适宜水深

湿地植物生长和分布受多项环境因子调控，其中水深是影响水生植物生长、群落结构和分布的重要限制性因子之一。一方面水深通过直接影响组织结构的支撑作用和水气关系来影响水生植物的生长。对于挺水植被和浮叶植被而言，其往往存在着最大分布水深，过高的水深会造成这些植物无法生长；另一方面水深能间接改变光照强度来影响水生植物的生长。更大的水深往往意味着更弱的水下光照条件，在一定水深范围内沉水植物通过形态、构造的变化来适应环境，但当水深超过了沉水植物对光线的耐受范围，沉水植物的生长和分布将受到影响和限制。由于不同水生植物形态和生理特性上的差异，其对水深具有不同的适应和耐受能力。因此，当长时间水淹或干旱时，不同水生植物采用的适应和耐受策略也存在显著的差异。

一般挺水植物适宜水深范围为 0～50 cm；浮叶植物适宜水深为 20～200 cm；漂浮植物通常对水深没有上限要求；沉水植物适宜水深范围为 30～300 cm。水生植物修复时需充分考虑主要水生植物生长适宜水深需求（表 5.4）。

表 5.4　主要湿地植物适宜水深范围

中文名称	拉丁名	生活型	适宜水深范围/cm
菰	*Zizania latifolia*	挺水	0～20
美人蕉	*Canna indica*	挺水	0～20
风车草	*Cyperus involucratus*	挺水	0～30
梭鱼草	*Pontederia cordata*	挺水	0～30
纸莎草	*Cyperus papyrus*	挺水	0～30
慈姑	*Sagittaria sagittifolia*	挺水	0～30
芦竹	*Arundo donax*	挺水	0～30
香蒲	*Typha orientalis*	挺水	5～35
玉蝉花	*Iris ensata*	挺水	10～30
泽泻	*Alisma plantago-aquatica*	挺水	10～30
窄叶泽泻	*Alisma canaliculatum*	挺水	10～30
蜘蛛兰	*Arachnis clarkei*	挺水	10～30
灯心草	*Juncus effusus*	挺水	10～30
砖子苗	*Mariscus umbellatus*	挺水	10～30
石菖蒲	*Acorus tatarinowii*	挺水	10～30
鸢尾	*Iris tectorum*	挺水	0～35
菖蒲	*Acorus calamus*	挺水	0～35
千屈菜	*Lythrum salicaria*	挺水	0～35
再力花	*Thalia dealbata*	挺水	0～50

续表

中文名称	拉丁名	生活型	适宜水深范围/cm
芦苇	*Phragmites australis*	挺水	0～40
水葱	*Scirpus validus*	挺水	0～40
莲	*Nelumbo nucifera*	挺水	10～100
萍蓬草	*Nuphar pumilum*	浮叶	20～100
睡莲	*Nymphaea tetragona*	浮叶	20～100
莼菜	*Brasenia schreberi*	浮叶	20～100
荇菜	*Nymphoides peltatum*	浮叶	20～200
芡实	*Euryale ferox*	浮叶	30～150
菱	*Trapa bispinosa*	浮叶	5～无限
四角菱	*Trapa quadrispinosa*	浮叶	5～无限
水鳖	*Hydrocharis dubia*	漂浮	5～无限
苦草	*Vallisneria natans*	沉水	30～150
菹草	*Potamogeton crispus*	沉水	60～150
狐尾藻	*Myriophyllum verticillatum*	沉水	30～200
竹叶眼子菜	*Potamogeton malaianus*	沉水	30～200
黑藻	*Hydrilla verticillata*	沉水	30～200
金鱼藻	*Ceratophyllum demersum*	沉水	30～200
大茨藻	*Najas marina*	沉水	50～300
小茨藻	*Najas minor*	沉水	50～300

2）试验区植物选择及配置方案

（1）试验区域植物选择。根据 2005 年以前菜子湖湿地植物的种类组成及植被分布特征，考虑主要越冬水鸟觅食和栖息适宜性，在试验性修复区域主要修复沉水植物：苦草、黑藻、竹叶眼子菜和穗状狐尾藻；根生浮叶植物：菱。同时通过种子库自然修复促进陌上菅、肉根毛茛、朝天委陵菜、狗牙根等湿生植物修复。

对于大部分沉水植物（苦草、黑藻、竹叶眼子菜和穗状狐尾藻等）而言，其生长初期（4～5 月）对适宜水深要求相对较高。根据菜子湖车富岭水位站不同年份逐月水位分析：菜子湖 4 月和 5 月多年（1956～2014 年）平均水位分别为 7.33 m 和 8.39 m；2015

年4月和5月平均水位分别为8.21 m和7.59 m；2016年4月和5月平均水位分别为8.80 m和11.15 m；2017年4月和5月平均水位分别为8.86 m和8.20 m；2018年4月和5月平均水位分别为7.27 m和7.86 m；2019年4月和5月平均水位分别为7.53 m和8.19 m；2020年4月和5月平均水位分别为7.80 m和7.51 m。而公元村南侧（东片区）修复区域地形改造后高程基本维持在7.7～8.6 m，公元村南侧（西片区）修复区域的西南侧约6 hm^2的区域地形改造后的高程维持在7.4～8.5 m，狮岭村北侧中部区域进行微地形改造后的高程维持在7.5～8.9 m，狮岭村北侧下部区域进行微地形改造后的高程维持在7.4～8.4 m。从3块修复区域地形改造后的高程和菜子湖长时间序列水位数据来看，部分年份的水位可能无法满足沉水植物生长初期(4～5月)对适宜水深的要求。但规划水平年2040年候鸟越冬期菜子湖水位按不超过8.1 m运行时，菜子湖3月平均水位较现状有一定程度的抬升，因此其生长初期（4～5月）的水位也基本维持在8.1 m以上，总体上能满足苦草、黑藻、竹叶眼子菜和穗状狐尾藻等沉水植物对适宜水深的要求。

以苦草为例，其适宜水深范围为30～150 cm，3块修复区域微地形改造后其高程总体在7.4～8.9 m。规划水平年2040年候鸟越冬期菜子湖水位按不超过8.1 m运行，因此沉水植物生长初期（4～5月）的水位也基本维持在8.1 m以上。在地形改造后高程7.4～8.5 m的范围实施苦草植被修复，基本能满足苦草生长初期（4～5月）对适宜水深的要求。而在菜子湖水位从5～8月逐步上升的过程中，如不遭遇特大来水年，菜子湖车富岭水位也基本能满足苦草对适宜水深的要求。

根生浮叶植物受水深的限制作用较大，而且其维持湖泊生态系统的功能总体上不及沉水植物，因此在菜子湖试验性修复区域植物配置中主要将浮叶植物作为景观点缀并使其产生增加物种多样性的作用。考虑根生浮叶植物的适宜水深范围，选择受水深制约性影响较小的根生浮叶植物菱作为浮叶植物的配置物种。但考虑菱没有经济效果和景观效果，对水质有一定影响且对其他植被生长有一定的抵制作用，只可小面积恢复，且在植被恢复的过程中需密切关注菱对沉水植物生长的影响。

（2）试验区植物配置方案。3个试验区水生植被初期恢复面积按不低于试验区总面积的1/3控制（长江勘测规划设计研究有限责任公司 等，2020）。其中：公元村南侧（西片区）修复区域修复苦草面积1.2 hm^2，修复黑藻1.2 hm^2，修复竹叶眼子菜1.0 hm^2，修复穗状狐尾藻0.9 hm^2，修复菱0.1 hm^2，通过湿地植物种子库修复湿生植物面积4.4 hm^2；公元村南侧（东片区）修复区域修复苦草面积1.0 hm^2，修复黑藻0.9 hm^2，修复竹叶眼子菜0.9 hm^2，修复穗状狐尾藻0.7 hm^2，修复菱0.1 hm^2，通过湿地植物种子库修复湿生植物面积4.0 hm^2；狮岭村北侧修复区域修复苦草面积1.8 hm^2，修复黑藻1.3 hm^2，修复竹叶眼子菜1.6 hm^2，修复穗状狐尾藻1.3 hm^2，修复菱0.1 hm^2，通过湿地植物种子库修复湿生植物面积10.0 hm^2。

（3）试验区域沉水植物种植方式。沉水植物可用种子、根茎繁殖，也可采用分株、扦插、枝条沉降、半浮式载体移栽、渐沉式沉床移栽、种子库法等方式栽植（张聪，2012）。

受长期围网养殖影响，菜子湖出现了由草型湖泊向藻型湖泊转变的明显特征，沉水植被几乎消失，因此种子库法不适宜试验性修复区域沉水植物恢复。而半浮式载体移栽法和渐沉式沉床移栽法涉及设备和装置的使用，操作相对麻烦且不适宜大范围推广。地下块茎虽在湖泊中恢复效果好于种子，但地下块茎难以购买且成本较高。当前仅苦草有可获取种源，综合分析安徽省常见湿地植物栽培技术指标[《湿地植被修复技术规程》（DB34/T 2831—2017）]，苦草栽植技术主要包括播种、分蘖/分株、根茎等，黑藻、狐尾藻、竹叶眼子菜栽植技术主要包括播种、扦插、分蘖/分株和根茎等，因此苦草栽植主要考虑播种和分株，黑藻、狐尾藻、竹叶眼子菜栽植主要考虑扦插。

根据苦草、黑藻、穗状狐尾藻和竹叶眼子菜等主要沉水植物生长节律，3 月一般为种子萌发期、4～5 月一般为沉水植物缓慢生长期、6～8 月一般为植物高速生长期，试验性修复区域搭配这 4 种沉水植物可以使 3～11 月都有沉水植物生长。

3～4 月，菜子湖水体受干扰程度相对较小，在该阶段选择籽粒饱满、发育良好、无病虫害的苦草，采用分片种植方式进行播种，播种时应将苦草种子晒干、敲碎，装入网袋置清水中浸泡 15～20 h，在无风温暖天气拌细土直接播撒于种植区，并视种苗成活情况，适时补播。为保证沉水植物在修复初期快速增长，应在沉水植物种植区域布置浮网进行围隔，减少波浪和食草性鱼类的干扰。采用半封闭式正方形或长方形无底中小型围隔，由绢网网箱和聚氯乙烯（PVC）管网托构成。当浮网内沉水植物恢复到一定密度后可人工将部分沉水植物向开敞水面播散，扩大沉水植物分布区。选择籽粒饱满、直径大于 0.3 mm、长度大于 2 mm 的种子进行播种，播种期在 4 月 5 日前后 15 d 左右，用种量 15 kg/hm^2，在修复区内淤泥厚度较大、水流缓慢或静止、透明度较高的水域地带进行播种，播种时控制枞阳闸使修复区内水深控制在 10～50 cm 内，待植株长成后再逐步提高水位。考虑菜子湖车富岭水位站不同年份逐月水位波动特征，播种时要视水位和水深情况阶段性地安排播种和补播。其他沉水植物主要栽培实生苗块进行恢复，栽培规格为 15～20 cm/m^2 方形的实生苗栽培块，栽培时间为 4 月左右水位恢复以前。

（4）湿地苗圃培育实生苗。考虑菜子湖车富岭水位站不同年份逐月水位波动特征，为最大程度地保障沉水植物的存活率，并视沉水植物存活情况适时补栽，可在菜子湖选取合适区域建设湿地苗圃（水生植物种植基地），人工种植苦草、黑藻、穗状狐尾藻和竹叶眼子菜等，一方面能保证苗圃地与所培育的植物生境条件相似或一致；另一方面确保了所选育的植物为乡土植物。为利于种子发芽及种苗生长扩散，湿地苗圃在枯水期进行机耕，深 20 cm，苦草种子按每亩[①]2 kg 撒播，实生苗栽培块规格为 15～20 cm/m^2 方形小块，按 700 株/亩定植实生苗。建设湿地苗圃，能够保证沉水植物扎根前繁殖与生长的适宜水深条件（50 cm 以内），同时也减少了人为干扰和水面波动对沉水植物繁殖和生长的影响。待苗圃内沉水植物扎根后，根据试验性修复区域的水深情况，采用分株方式栽植苦草，采用扦插方式栽植黑藻、穗状狐尾藻和竹叶眼子菜。

3）湖滨带修复区域植物配置方案

其他湖滨带修复区域不做微地形改造，其植物配置主要考虑菜子湖历年水文节律及引江济淮工程运行对菜子湖水位的影响。规划水平年 2030 年，菜子湖候鸟越冬期水位按

① 1 亩≈666.67 平方米

不高于 7.5 m 控制，高程 7.5 m 以上的湿生植物优势种可以完成其生活史，7.5 m 水位以下的部分区域由泥滩地、草滩变为了水深 0.5 m 左右的浅水水域；规划水平年 2040 年，菜子湖候鸟越冬期水位按不高于 8.1 m 控制，高程 8.1 m 以上的湿生植物优势种可以完成其生活史。8.1 m 水位以下区域由泥滩地、草滩变为了水深低于 1.2 m 的水域，包括浅水区（水深小于 0.50 m）。引江济淮工程运行后，当水位从 3 月开始逐步上升时，高程 8.1 m 以上的区域其初期水位对应的水深相对沉水植物的生长比较适宜，可考虑根据水位条件在高程 8.1～9.4 m 的适宜区域进行沉水植物播种、移栽、分株、扦插（水深应控制在 0.50 m 内）。同时，沿湖滨带构建沉水植物、浮水植物、挺水植物、湿生植物组成的植物群落带，其中挺水植物主要种植在距离水岸线一定距离出露水面的原有堤埂处，为水鸟营造隐蔽的栖息生境，同时可减缓航道内船行波可能对浅滩产生的影响。

湖滨带植被修复的植物配置主要选取苦草、黑藻、竹叶眼子菜、金鱼藻、菹草、大茨藻、穗状狐尾藻 7 种沉水植物，芦苇、菰、红蓼、酸模叶蓼 4 种挺水植物，荇菜、芡实、四角菱 3 种根生浮叶植物及陌上菅、朝天委陵菜、肉根毛茛 3 种湿生植物。植物播种或栽培时，可以单植，也可采用同一生活型的 2 个物种搭配混植，如苦草+黑藻、竹叶眼子菜+金鱼藻、菹草+大茨藻、红蓼+酸模叶蓼、陌上菅+朝天委陵菜、陌上菅+肉根毛茛等。根据湖滨带修复区域水位及对应水深情况，采用撒播、扦插、移栽等方式在修复区域内适时撒播水生植物种子或栽植实生苗块。沉水植物采用撒播或实生苗体栽培等方式进行恢复，以苦草为例，苦草种子按每亩 2kg 撒播，实生苗栽培块规格为 15～20 cm/m^2 方形小块，按 700 株/亩定植实生苗。考虑沉水植物只有苦草有种源，其他只有实生苗，因此其他沉水植物主要利用栽植实生苗块进行恢复。挺水植物和浮水植物主要采用栽种实生苗方式进行恢复。挺水植物以菰为例，按 500 株/亩进行栽种；浮水植物以荇菜为例，苗种规格为 30～50 cm，按 600 株/亩定植实生苗。湿生植物主要采用种子库进行繁殖。

考虑各沉水和根生浮叶植物生长对水深的需求及菜子湖的水位变化特征：可在高程 7.0～8.1 m 的范围内适时种植沉水植物大茨藻、根生浮叶植物四角菱；在高程 8.1～8.5 m 的范围内适时种植沉水植物黑藻、菹草、穗状狐尾藻、金鱼藻、竹叶眼子菜、根生浮叶植物荇菜和四角菱；在高程 8.5～9.4 m 的范围内种植沉水植物苦草、根生浮叶植物芡实；在高程 9.4 m 以上的区域沿高程梯度构建挺水植物芦苇、菰、红蓼、酸模叶蓼及湿生植物陌上菅、朝天委陵菜、肉根毛茛等组成的植物群落带。湖滨带修复区域植物群落带配置方案如图 5.3 所示。

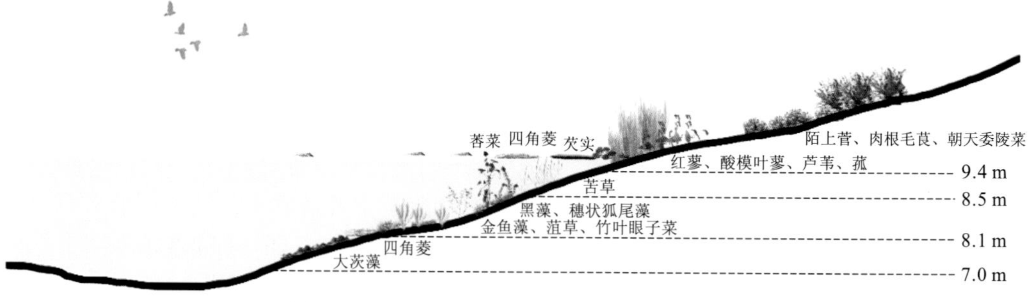

图 5.3　湖滨带修复区域植物群落带配置方案

3. 湿地动物恢复技术

在菜子湖区滩涂和水域啄取和挖掘的鸟类主要包括苍鹭、大白鹭等鹭类，东方白鹳、白头鹤等鹳鹤类，鸿雁、豆雁、绿头鸭等雁鸭类，涉及涉禽和游禽 2 类生态类型，其主要食物资源为植物叶、水生植物块根或块茎。在浅水区挖掘或者头部入水取食的鸟类主要包括白琵鹭、小天鹅等。在泥滩地取食的鸟类主要是以拾取方式取食的黑腹滨鹬和以刺探方式取食的鹤鹬等鸻鹬类。在湖泊深水区取食的鸟类主要为鸥类。

候鸟越冬期重要水鸟中，白头鹤主要以薹草、眼子菜等植物嫩叶和块根等为食；白鹤主要以苦草冬芽为食；东方白鹳主要以鱼为食；小天鹅主要取食水生植物，包括叶子、种子、根及块茎；白琶鹭通常捕食小型脊椎动物和无脊椎动物；大白鹭以动物性食物为食；鸿雁主要掘取苦草的地下根茎或者莎草科的叶、芽及藨草为食；豆雁主要以薹草为食。

在菜子湖区实施包括“底栖动物增殖以及人工鱼巢布设”在内的湿地动物恢复技术，根据菜子湖候鸟越冬期重要水鸟食性特征，构建试验区“沉水植被+漂浮植物+挺水植被+水生动物”立体湿地生态修复模式。

4. 适应性监测与实施效果评估

根据调水对菜子湖湿地的影响及菜子湖湿地生态修复的布置范围与区域修复目标，确定菜子湖湿地生态修复监测点位的布置、监测计划、监测时间、监测内容与监测方法。

试验性修复示范工程和湖滨带植被修复实施后，即进行跟踪监测，及时掌握湿地修复前、修复过程中以及修复完成后的生态特征、生态过程等修复状态和过程变化，为科学有效地评估湿地修复效果、调整湿地修复方案和技术方法、管理湿地提供数据支撑。监测内容包括修复区植物存活状况、高度、盖度、鸟类种群数量和分布格局。

试验性修复示范工程和湖滨带植被修复实施后，根据调水过程及不同水位运行时间等，每隔 1 年对试验性修复示范工程、湖滨带和浅水区进行生态修复效果评价，分析工程实施后候鸟栖息生境修复状况及候鸟种类和种群数量，以确定修复是否达到了维持菜子湖区生态系统结构和功能完整性的目标，如确定菜子湖水鸟是否维持在种类不低于 30～40 种和种群数量超过 20 000 只的状态、重点保护水鸟种类和数量没有减少、修复区域沉水植被覆盖率不低于 60%等所应达到的修复程度和指标。

5.2.3　基于生态系统服务的湿地生态管理及监测技术

1. 湿地生态管理

湖泊湿地生态系统具有重要的生态价值、经济价值和文化价值，能够提供多项生态系统服务。生态系统服务动态评估和驱动力分析是生态系统服务研究的重要内容，能揭示生态系统服务的时空权衡关系及人类活动对生态系统服务的边际影响，为生态系统管理提供重要依据。驱动力-压力-状态-影响-响应（drive-pressure-state-impact-respond，DPSIR）模型是研究社会经济系统与生态系统复杂关系的重要方法（Pinto et al.，2013；Gentile et al.，2001），但其主要考虑人类活动对环境的负面影响（Bowen and Riley，2003）。将 DPSIR 与社会-生态系统分析整合（Karageorgis et al.，2005），探讨并揭示驱动力对生态系统服务及人类福祉的影响，在管理层面有更大的应用空间。生态系统服务驱动力分为自然驱动力和人为驱动力（van Oudenhoven et al.，2012）：自然驱动力主要包括气候、地貌、水文、土壤和自然干扰等；人为驱动力主要包括土地利用/覆盖变化、人口数量变化、社会经济发展、城市化、环境污染、水资源开发等。尽管生态系统服务变化由各驱动因子相互作用而形成，但现有研究主要关注土地管理对生态系统服务的影响，鲜有研究探讨生态系统服务和人类活动的尺度关联特征，无法揭示人类活动对生态系统服务变化的边际影响。

基于湖泊面积和容积萎缩、水位下降、水质恶化、生物多样性下降等生态环境问题，构建基于生态系统服务的湖泊湿地管理框架（Kelble et al.，2013），为揭示生态系统服务的时空权衡关系及人类活动对生态系统服务的边际影响提供了重要基础，能更好地促进湖泊湿地生态系统服务从认知走向管理实践（江波 等，2015）。

2. 基于大数据的湿地生态监测

跟踪监测主要是为了了解修复后的湿地是否朝着设计的生态保护目标方向变化，为不良变化提供修复“预警”。开展跟踪监测，对于了解湿地要素在一定时期的变化，判断湿地生态修复是否成功具有非常重要的意义。

对于不同区域和不同尺度的湖泊湿地生态系统研究来说，其最大制约往往是数据可获得性，数据难以获得致使大多数研究结果难以有效地指导管理实践。湖泊湿地生态系统监测往往针对湿地生态系统结构与组分（如湿地面积、湿地植被、湿地景观格局、水鸟种类及数量）、环境因子（包括水文情势、湿地地形）及人为干扰等的某一个方面开展监测，难以为湖泊水位—候鸟生境—候鸟种群数量—生物多样性的动态关联研究、湖泊湿地生态修复研究及湖泊湿地生态补偿制度建立提供有效支撑。通过跨部门跨学科合作，将宏观监测和定位连续监测相结合的监测手段应用于多区域、多尺度的湿地生态系统结构、过程、功能和生物多样性的生态大数据积累，能弥补湖泊湿地生态系统研究存在的数据匮缺。截至 2021 年底，我国已建成国家野外科学观测研究站 51 个，其中水体、湿地生态系统站 7 个，目前已建站点数量有限。为服务于典型湖泊湿地研究，需要结合湖泊湿地的重要性和研究目标，构建跨尺度、跨区域的湖泊湿地生态监测指标体系，并在考虑监测整体布局的情况下建立湖泊湿地生态系统定位监测站。各领域的专家、学者应全面合作，根据水利工程的调度目标、湖泊湿地生态修复目标、生态补偿机制建立的数据需求，构建全面的监测指标体系并开展数据监测。

通过湖泊湿地生态监测，对湖泊水位、候鸟生境（包括湿地组成、湿地植被类型、湿地植被覆盖度、水深、人为干扰等）、候鸟种群数量等生态大数据进行积累和耦合，能掌握不同水位情况下湖泊湿地生态系统结构、过程、功能、生物多样性的动态变化情况，定量化揭示湖泊水位—候鸟生境—候鸟种群数量—生物多样性的动态关联特征。大数据的耦合能帮助优化水利工程调度方式、缓解水利工程运行对湖泊生态系统的不利影响、促进社会经济和生态保护协调发展。基于大数据分析，也可以确定湖泊湿地生态修复区域的地理位置、地形、植被生长特性等，帮助制定耦合生态系统各要素和主要生态过程的生态修复技术方案（包括地形修复、植被修复等），为湖泊湿地生态系统修复和生态系统管理提供重要依据。大数据的耦合，能进一步提高生态系统服务评估的精度，帮助识别生态系统服务供给者和受益者的空间异质性，为生态补偿主客体界定、生态补偿标准制定提供重要支撑（李迎喜 等，2019）。

参 考 文 献

安徽省质量技术监督局, 2017. 安徽省地方标准: 湿地植被修复技术规程(DB 34/T 2831—2017)[S]. 合肥: 安徽省湿地保护中心.

长江勘测规划设计研究有限责任公司, 武汉市城市防洪勘测设计院, 武汉市市政建设集团有限公司, 等, 2020. 东湖水环境提升工程初步设计[R]. 武汉: 长江勘测规划设计研究有限责任公司.

戴凌全, 毛劲乔, 戴会超, 等, 2016. 面向洞庭湖生态需水的三峡水库蓄水期优化调度研究[J]. 水力发电学报, 35(9): 18-27.

高攀, 周忠泽, 马淑勇, 等, 2011. 浅水湖泊植被分布格局及草-藻型生态系统转化过程中植物群落演替特征: 安徽菜子湖案例[J]. 湖泊科学, 23(1): 13-20.

国家林业局, 2008. 国家林业局陆地生态系统定位研究网络中长期发展规划(2008—2020年)[R]. 北京: 国家林业和草原局.

江波, 李红清, 李志军, 等, 2015. 基于生态系统服务的洞庭湖湿地生态保护[J]. 湿地科学与管理, 11(3): 46-50.

李迎喜, 王晓媛, 江波, 2019. 利用大数据思维的湖泊湿地生态研究[J]. 人民长江, 50(10): 77-79, 85.

徐长江, 徐高洪, 戴明龙, 等, 2019. 三峡水库蓄水期洞庭湖区水文情势变化研究[J]. 人民长江, 50(2): 6-12.

张聪, 2012. 杭州西湖湖西区沉水植物群落结构优化研究[D]. 武汉: 武汉理工大学.

中华人民共和国水利部, 2009. 三峡水库优化调度方案[R]. 北京: 中华人民共和国水利部.

BOWEN R E, RILEY C, 2003. Socio-economic indicators and integrated coastal management[J]. Ocean & costal management, 16(3/4): 299-312.

GENTILE J H, HARWELL M A, Cropper W, et al., 2001. Ecological conceptual models: a framework and case study on ecosystem management for South Florida sustainability[J]. Science of the total environment, 274(1/3): 231-253.

KARAGEORGIS A P, SKOURTOS M S, KAPSIMALIS V, et al., 2005. An integrated approach to watershed management within the DPSIR framework: Axios River catchment and Thermaikos Gulf[J]. Regional environmental change, 5(2): 138-160.

KELBLE C R, LOOMIS D K, LOVELACE S, et al., 2013. The EBM-DPSER conceptual model: integrating ecosystem services into the DPSIR framework[J]. Plos one, 8(8): e070766.

PINTO R, DE JONGE V N, NETO J M, et al., 2013. Towards a DPSIR driven integration of ecological value, water uses and ecosystem services for estuarine systems[J]. Ocean & costal management, 72: 64-79.

VAN OUDENHOVEN A P E, PETZ K, ALKEMADE R, et al., 2012. Framework for systematic indicator selection to assess effects of land management on ecosystem services[J]. Ecological indicators, 21: 110-112.

【第 6 章】

水利工程湿地生态保护与修复对策

6.1　自然湿地生态保护

生态保护是促进受损湿地生态系统得到恢复的主要途径之一（侯鹏 等，2021）。自然保护地建设和管理是保护生态系统的有益探索和实践，对保护生物多样性和保障国家生态安全至关重要（欧阳志云 等，2020）。自1956年建立第一个自然保护地——广东省鼎湖山自然保护区，我国历经60多年的发展，已建立自然保护区、风景名胜区、森林公园、湿地公园、地质公园、文化自然遗产等10多种类型自然保护地（侯鹏 等，2021）。据不完全统计，我国建有各类自然保护地超过1.20万处，已建设形成覆盖森林、草地、湿地、海洋、荒漠等各类生态系统、珍稀濒危动植物物种和种质资源、自然遗迹和自然景观，以及水源保护区等各类自然保护地，占国土面积的20%（欧阳志云 等，2020）。各级各类自然保护区约2 750处（中华人民共和国生态环境部，2021），总面积147.17万km^2，其中：陆地面积142.7万km^2，约占国土面积的14.86%（中华人民共和国生态环境部，2019）；国家级风景名胜区244处，总面积约10.66万km^2；国家地质公园281处，总面积约4.63万km^2；国家海洋公园67处，总面积约0.737万km^2（中华人民共和国生态环境部，2021）；国家级水产种质资源保护区约523处（欧阳志云 等，2020）；国家沙漠公园55处（国家林业和草原局政府网，2016）；国际重要湿地64处、湿地自然保护区602处、国家湿地公园899处（宁峰，2021）。

自然保护地能实现自然资源及其所拥有的生态系统服务和文化价值的长期保育（Dudley，2016），对保护生物多样性和保障国家生态安全至关重要，但自然保护地体系存在重叠设置、多头管理、定位矛盾、管理目标模糊、土地确权不清晰等诸多问题（欧阳志云 等，2020；Xu et al.，2019）。2017年，中共中央办公厅、国务院办公厅联合印发《建立国家公园体制总体方案》（中共中央办公厅和国务院办公厅，2017），开展了东北虎豹、祁边山、大熊猫、三江源、海南热带雨林、武夷山、神农架、普达措、钱江源和南山10个国家公园体制试点区，总面积超过22万km^2，约占陆地国土面积的2.3%（中华人民共和国生态环境部，2021）。2019年，中共中央办公厅、国务院办公厅联合印发《关于建立以国家公园为主体的自然保护地体系指导意见》，标志着我国进一步创新自然保护地管理体制机制，构建形成以国家公园为主体、自然保护区为基础、各类自然公园为补充的自然保护地管理体系（中共中央办公厅和国务院办公厅，2019）。利用国家公园建设的契机，重新构建我国自然保护地体系，对生态系统、珍稀濒危动植物集中分布区和自然景观的保护具有重要意义（欧阳志云 等，2020），对湿地生态系统保护也具有重要意义。

目前，生态环境部正在组织划定的以“生态功能不降低、面积不减少、性质不改变”为管控目标的生态保护红线，也是一种以自然保护为主要途径的生态修复工程（侯鹏 等，2021）。目前，全国生态保护红线划定工作基本完成，初步划定的全国生态保护红线面积比例不低于陆地国土面积的25%，覆盖了重点生态功能区、生态环境敏感区和脆弱区，覆盖了全国生物多样性分布的关键区域，也为湿地生态保护提供了重要基础。

6.2　湿地生态修复面临的主要问题

6.2.1　忽视“源头预防”

生态修复指对已退化、损害或彻底破坏的生态系统进行恢复的过程（傅伯杰，2021）。目前，我国大多数生态修复技术都针对已受损湿地，预防湿地生态退化的生态修复干预技术鲜有报道。此外，大多数湿地生态修复仍沿袭“改造自然”的思维惯性，过度干预自然演替过程，致使生态修复缺乏可持续性（蔡运龙，2016）。如果只聚焦生态系统退化过程及其空间格局，而忽视退化过程的驱动机制，并不能达成“源头预防”的效果（傅伯杰，2021）。不管是对受损程度较低的湿地生态系统进行自然恢复，还是采用人工辅助修复或生态重建的生态修复方式对自然恢复难度较大的湿地生态系统进行恢复，其核心点都是要对扰动因子进行调控。因此，实施生态修复的过程中，加强“源头预防”，对造成生态系统退化的关键因子进行调控显得十分重要且必要。

6.2.2　修复目标单一

生态修复目标既包括从供给侧提升生态系统质量和稳定性以及生态产品和服务供给能力，又包括从需求侧的角度提升人类福祉（傅伯杰，2021）。然而，现有的湿地生态修复技术往往局限于湿地生态系统本身，忽视了湿地生态系统与社会、经济、文化等要素之间的耦合作用。其针对的也往往是湿地生态系统某一个或某几个生态功能，忽视了在保护湿地生态系统功能的基础上维持和提升人类福祉，以达到生态修复多目标协同提升。

6.2.3　系统性不强

党的十八大以来，生态保护和修复领域标准体系建设步伐显著加快，其中林草行业先后修订了各类行业标准 295 项，水利行业先后出台生态保护和修复相关技术标准 60 余项。国家大力推行河湖长制、湿地保护修复制度，着力实施湿地保护、退耕还湿、退田（圩）还湖、退渔还湖、生态补水等保护和修复工程。我国过去的湿地生态修复技术大多聚焦于水、植被等单一生态要素、水环境质量变化等单一过程，或聚焦于单个湿地，缺乏从流域生态系统的角度对湿地生态系统进行系统性、整体性修复，治标不治本的问题较为突出。另外，现有湿地生态修复技术往往忽视不同区域湿地生态特征和社会经济发展水平的差异，在推进有关重点生态工程建设中，往往存在生态修复治理技术及模式单一、生态工程建设目标和内容及治理措施相对单一、生态修复系统性和整体性不足、适用技术推广应用不够广泛等问题，对湿地生态保护和修复工程建设的支撑作用不足。

6.2.4 科技支撑能力不强

1）湿地生态系统退化驱动机制分析

水利工程作为调蓄水资源分配、保障供水安全和防洪安全的重大工程措施，在产生巨大经济效益和社会效益的同时，也不可避免地对江湖连通与河湖水文情势产生影响，进而影响湖泊湿地生态水文过程、湖泊湿地生境及生物多样性（周建军和张曼，2018；Zhou et al.，2013）。目前，水利工程影响的湿地修复研究方案制定时通常存在“头痛医头，脚痛医脚”的问题，如针对水利工程影响制定湿地生态保护修复策略时往往仅强调植被、水生生物和基质等生态系统内部结构因素的修复，缺乏对“纵向-横向-垂向”水文多向连通性等综合影响的考虑，也缺乏对影响湿地生态系统结构、过程、功能及生物多样性的关键驱动因子的系统研究。湿地在不同尺度上往往具有不同类型的水文连通性，驱动着湿地生态系统的演变过程。在预测水利工程影响下的湿地生态变化时，忽视湿地生态系统与周边多介质水循环在“纵向-横向-垂向”结构与功能的联系和梯度差异，会致使水利工程影响的湿地修复动态演变效果难以准确预测。现阶段，国内开展的大部分湿地修复项目仍主要以局部湿地格局恢复和调整的模式为主，缺乏对流域尺度水生态过程与格局的系统研究，缺少对湿地水文和湿地生物过程及其相互之间关系的理解（Linke et al.，2012），故难以建立基于水利工程影响的湿地生态修复技术（李晓文 等，2014）。

2）目标参照点确定

湖泊湿地生态修复的总体目标是采用适当的生物、生态及工程技术，逐步修复退化湿地生态系统，最终达到湿地生态系统的自我维持状态。确定湿地生态修复目标，不仅决定着湖泊湿地生态修复的工作量和工作难度，也是分析和判断湿地生态修复工程实施效果及湿地生态修复工程是否成功的重要标准。分析并掌握湿地生态环境状况、湿地生物以及生态系统过程和功能，结合湿地生态演替规律和湿地生态系统退化机理，确定湿地生态修复的参照系统或参照区，并以参照系统或参照区的生态系统等效为湿地生态修复的主要目标，是当前湿地生态修复技术研究中需要解决的重要技术难题。

3）不同生态修复模式对比分析

当前，湿地生态修复主要是在湿地生态环境分析的基础上，根据湿地生态修复的目标确定修复方案，然后结合湿地生态系统各功能模块中的退化因子分析，进行综合系统性的修复。生态修复模式的选择对湿地生态修复效果具有显著影响，但由于湿地生态修复技术是一个系统性的工程，单独依靠一种或者几种技术往往难以达到修复目的（齐延凯 等，2019）。现有的研究往往缺乏在不同生态修复技术优化组合的基础上，对湿地生态修复模式对比分析和优化选择，因此湿地生态修复技术的效果发挥也往往存在一定的局限性，很难提高湿地生态系统结构和功能的稳定性及生态产品和生态服务供给能力。

4）湿地生态修复效果评估

侯鹏等（2021）通过国内外大量研究案例发现，目前生态修复多数是以群落/生态系统组合式修复模式在脆弱区实施的，所以生态修复成效评估也主要是基于多尺度的脆弱区生态修复成效评估。生态修复成效评估多数以宏观生态系统结构、植被类和水文类等指标为主，重点对指标更容易获得的森林、灌丛、草地等陆生植被为主体的生态系统进行评估。由于数据难获取、观测技术方法欠缺等，湿地生态系统实施效果评估相对较为困难。现有的湿地生态修复效果评估主要考虑生态属性指标，对社会经济效益的考虑相对较少。考虑到时间和经济成本以及指标的可测性，湿地生态修复效果评估往往存在评估指标不全面的问题，因此也难以全面地回答湿地生态修复实践是否成功及其有效性的问题（张瑶瑶 等，2020）。

6.2.5　利益相关方参与不够

湿地生态系统管理是改善修复区域生态系统质量和稳定性、提高修复区域生态产品和服务供给能力及人类福祉的重要基础。作为湿地生态系统管理的优化方式，湿地生态系统服务管理是生态学研究的前沿方向，是指综合利用湿地生态学、经济学、社会学和管理学等学科知识，对影响湿地生态系统结构、过程、功能的关键因子进行调控，提高湿地生态系统服务供给水平和供给能力的过程（江波 等，2016）。作为湿地生态系统服务管理的重要途径（彭建 等，2017），生态补偿是以市场机制和经济手段调节利益相关者关系、协调湿地生态保护与经济发展的重要制度安排（郝海广 等，2018；欧阳志云 等，2013；李文华 等，2006）。从理论上讲，生态补偿是通过生态系统服务的受益者向提供者支付费用（范明明和李文军，2017），鼓励生态系统服务提供者对生态系统服务进行维护和保育，使生态效益外部性内在化（赖敏 等，2015），达到利益调控和效益权衡的核心目标。生态补偿的途径和手段是协调利益相关方关系（李文华 等，2006），其政策的成功与否在很大程度上取决于利益相关方的参与程度（Sommerville et al.，2010）及其在生态补偿机制建立过程中扮演的角色和作用（Greiner and Gregg，2011）。因此，解决“谁应该补偿”和“应该补偿谁”的问题对于建立起协调生态系统服务供给者和受益者之间相互关系、体现社会公平及完善财政转移支付制度的生态补偿机制很有必要（王女杰 等，2010）。但受限于湿地生态系统服务数据匮缺和生态系统服务权衡信息匮缺，生态补偿政策设计过程中往往难以将生态系统服务供给方与受益方有机地联系起来（彭建 等，2017），导致利益相关方参与不够、补偿主客体难以界定和补偿标准确定缺乏科学基础等诸多问题（欧阳志云 等，2013）。因此，也难以对影响湿地生态系统服务的关键因素实施有效调控（Xu et al.，2018；Wong et al.，2015）。

6.3 水利工程湿地生态修复对策

6.3.1 大力提升湿地生态修复技术研究水平

在国家持续、大力推进实施各项重要生态系统保护和修复重大工程建设的关键期，积极探索统筹山水林田湖草沙一体化修复技术、大力提升湿地生态修复关键技术研究水平显得十分必要和迫切，对推进生态文明建设、保障国家生态安全具有重要意义。①应深入研究湿地生态系统结构、过程和功能及其与自然资源要素的相互作用关系，从湿地生态系统结构、过程与功能修复的角度，明确湿地生态修复关键目标。②深入研究湿地生态系统结构、过程与功能退化的驱动机制，研发耦合模型，明确生态保护修复关键途径和标准体系。③从自然-社会-经济耦合效应的角度，分析并明确湿地生态修复的利益相关方。④深入研究湿地生态系统结构、过程和功能与自然资源要素的相互作用关系及湿地生态系统结构、过程和功能的驱动机制，从问题解决和目标实现出发研发湿地生态保护修复关键技术，为湿地生态保护修复提供有力科技支撑。⑤以水利工程影响下的湿地生态系统功能和服务提升为目标，深入研究水利工程影响下湿地水文情势和水环境变化对生态系统结构、过程和功能的影响机制，提出以河岸（湖滨）带植被组成和配置为主体的生态修复标准体系，研究面向水文情势变化的湿地生态修复标准体系。⑥从湿地生态水量保障、湿地资源合理利用和保护、湿地水环境保障等技术角度，研究以“水资源-水环境-水生态”调控为供给侧、以湿地生态系统服务和人类福祉保护为需求侧的河湖湿地生态保护修复技术体系。

6.3.2 提高湿地生态系统动态监测水平

对于不同区域和不同尺度的湿地生态系统研究来说，其最大制约往往是数据可获得性，数据难以获得致使大多数研究结果难以有效地指导管理实践。湿地生态系统监测往往针对湿地生态系统结构与组分（如湿地面积、湿地植被、湿地景观格局、水鸟种类及数量）、环境因子（包括水文情势、湿地地形）及人为干扰等的某一个方面开展监测，难以为“水利工程运行—环境因子变化—候鸟生境—候鸟种群数量—生物多样性”的动态关联研究、湿地生态修复技术研究及湿地生态补偿制度建立提供有效支撑。各领域的专家、学者应全面合作，根据水利工程调度目标、湿地生态修复目标、生态补偿机制建立的数据需求，全面构建流域或区域监测指标体系并开展数据监测。

通过湿地生态监测，对湿地水文、候鸟生境（包括湿地组成、湿地植被类型、湿地植被覆盖度、人为干扰等）、候鸟种群数量等生态数据进行积累和耦合，能掌握不同水文节律下湿地生态系统结构、过程、功能、生物多样性的动态变化情况，定量化揭示多要素之间的动态关联特征。生态数据的耦合能帮助优化水利工程调度方式，缓解水利工程运行对湿地生态系统的不利影响，促进社会经济和生态保护协调发展。基于生态数据分析，也可以确定湿地生态修复区域的地理位置、地形、植被生长特性等，帮助制定耦合生态系统各要素和主要生态过程的生态修复技术方案，为湿地生态系统修复和生态系统管理提供重要依据。

6.3.3　强化湿地生态修复实施效果评估

水利工程驱动的湿地水文过程的变化往往伴随着生物群落和生物多样性、栖息地和水质的变化，即“水利工程—湿地水文—湿地水环境—湿地生境—湿地动植物”存在着明显的链式效应。此外，湿地生态系统与周边系统在“纵向-横向-垂向”结构与功能的联系和梯度差异也应该予以充分考虑。因而需加强研究湿地生态系统对水文波动响应研究，探究不同地理背景下的“湿地水文—湿地水环境—湿地生境—湿地生物”多过程多维度的耦合与互馈机制，通过水文模型（如 MIKE-11、SWAT、HEC-RAS 和 MEFIDIS）、生态模型（水流机制特征与生态响应的拟合）等模型的耦合，建立新型湿地水文生态综合模型，以模拟生态修复实施效果，为相关决策者提供合适的修复建议。

湿地生态修复的目标是降低水利工程运行对湿地生态的不利影响，由于湿地生态修复存在“范围局限、见效缓慢、效果有限”等显著问题，应预先开展试验性生态修复工作，结合拟定的湿地生态修复目标及湿地生境、动物资源监测和调查情况，分析湿地生态修复技术对湿地生态质量及生态产品和服务提供能力的修复与改善作用，评估湿地生态修复工程实施效果。湿地生态修复效果评估不仅能清楚地掌握湿地生态修复区域生态特征、生态过程的动态变化情况，揭示湿地生态修复对生态系统结构、功能及生物多样性保护的调节和改善作用，也能为湿地生态修复技术的优化和推广应用提供科学依据，保障湿地生态修复效果的可持续性和湿地生态服务功能的最大化。

6.3.4　实施修复区域生态系统优化管理

湿地生态系统管理是一个复杂的过程，包括湿地生态修复技术实施前对研究区域湿地生态系统的现状调查与评估，实施过程中利益相关方参与、多目标的权衡及管理目标的确定，以及实施后采取具体有效的管理途径和措施增强湿地生态系统产品和服务可持续供给能力（郑华 等，2013）。生态系统管理强调生态系统结构、过程、功能以及社会和经济的可持续性（王伟和陆健健，2009）。湿地生态补偿机制能够有效改善湿地生态系统服务、协调湿地生态系统服务保护者与利用者之间的矛盾，是高效、先进的生态系统服务管理办法（郑华 等，2013；Jack et al.，2008）。湿地生态系统服务时空权衡关系研究是生态系统优化管理的一种新模式，也是湿地生态系统优化管理想要实现的具体目标之一。

为更有效地保护湿地生态系统，应开展湿地生态补偿政策前期研究、生态系统服务综合与集成评估、生态补偿政策实施前后利益相关方成本效益评估。①生态补偿政策前期研究：基于生态系统服务产生及空间转移规律，确定生态系统服务供给者和需求者的空间分布特征及相互关系，并以此为基础确定生态补偿主客体、补偿范围、补偿标准、补偿方式和补偿途径。②生态系统服务综合与集成评估：基于利益相关方分析和湿地生态修复目标确定，构建生态系统服务评估指标体系，并结合生态监测、社会调查和定量评估模型（生物物理模型和经济评估模型），开展湿地生态系统服务综合与集成评估。③生态补偿政策实施效果评估：在生态系统服务综合与集成评估的基础上，分析生态补偿实施前后湿地生态系统服务的动态变化、湿地生态系统服务的相互关系及供给者生计的变化，揭示生态补偿实施前后生态系统服务是否得到提升、生态系统服务供给者的生计是否得到改善及生态补偿政策实施是否有效地调节了生态系统服务之间的权衡关系。④生态补偿政策优化及成果借鉴：基于生态补偿政策实施效果评估结果，优化生态补偿范围和标准，提高生态系统服务多尺度利益相关者的参与度和满意度，保障修复区域生态可持续，同时为其他区域实施生态补偿制度建设和湿地生态系统优化管理提供依据。

参 考 文 献

蔡运龙, 2016. 生态修复必须跳出“改造自然”的老路[N/OL]. 光明日报, (2016-02-19)[2021-08-25]. https://epaper. gmw. cn/gmrb/html/2016-02/19/nw. D110000gmrb_20160219_3-11. htm.

范明明, 李文军, 2017. 生态补偿理论研究进展及争论：基于生态与社会关系的思考[J]. 中国人口·资源与环境, 27(3): 130-137.

傅伯杰, 2021. 国土空间生态修复亟待把握的几个要点[J]. 中国科学院院刊, 36(1): 64-69.

高吉喜, 徐梦佳, 邹长新, 2019. 中国自然保护地 70 年发展历程与成效[J]. 中国环境管理, 11(4): 25-29.

国家林业和草原局政府网, 2016. 国家沙漠公园发展规划(2016—2025 年)[R/OL]. (2016-10-12)[2017-08-20]. http://www. forestry. gov. cn/uploadfile/main/2016-10/file/2016-10-10-eba250343a044284a53750beec6 d4cfa. pdf.

郝海广, 勾蒙蒙, 张惠远, 等, 2018. 基于生态系统服务和农户福祉的生态补偿效果评估研究进展[J]. 生态学报, 38(19): 6810-6817.

侯鹏, 高吉喜, 万华伟, 等, 2021. 陆地生态系统保护修复成效评估研究进展及主要科学问题[J]. 环境生态学, 3(4): 1-7.

江波, Wong C P, 欧阳志云, 2016. 湖泊生态服务受益者分析及生态生产函数构建[J]. 生态学报, 36(8): 2422-2430.

赖敏, 吴绍洪, 尹云鹤, 等, 2015. 三江源区基于生态系统服务价值的生态补偿额度[J]. 生态学报, 35(2): 227-236.

李文华, 李芬, 李世东, 等, 2006. 森林生态效益补偿的研究现状与展望[J]. 自然资源学报, 21(5): 677-688.

李晓文, 李梦迪, 梁晨, 等, 2014. 湿地恢复若干问题探讨[J]. 自然资源学报, 29(7): 1257-1269.

宁峰, 2021. 陕西现有湿地保护区 9 处、公园 43 处 湿地面积渭南排名第一[EB/OL]. (2021-02-01)[2021-11-04]. http://news. hsw. cn/system/2021/0201/1290862. shtml.

欧阳志云, 杜傲, 徐卫华, 2020. 中国自然保护地体系分类研究[J]. 生态学报, 40(20): 7207-7215.

欧阳志云, 郑华, 岳平, 2013. 建立我国生态补偿机制的思路与措施[J]. 生态学报, 33(3): 686-692.

彭建, 胡晓旭, 赵明月, 等, 2017. 生态系统服务权衡研究进展: 从认知到决策[J]. 地理学报, 72(6): 960-973.

齐延凯, 孟顺龙, 范立民, 等, 2019. 湖泊生态修复技术研究进展[J]. 中国农学通报, 35(26): 84-93.

王女杰, 刘建, 吴大千, 等, 2010. 基于生态系统服务价值的区域生态补偿: 以山东省为例[J]. 生态学报, 30(23): 6646-6653.

王伟, 陆健健, 2009. 生态系统服务与生态系统管理研究[J]. 生态经济, (9): 35-37.

张瑶瑶, 鲍海君, 余振国, 2020. 国外生态修复研究进展评述[J]. 中国土地科学, 34(7): 106-114.

中共中央办公厅, 国务院办公厅, 2017. 关于印发《建立国家公园体制总体方案》[EB/OL]. (2017-09-26)[2021-08-24]. http://www. gov. cn/zhengce/2017-09/26/content_5227713. htm.

中共中央办公厅, 国务院办公厅, 2019. 印发《关于建立以国家公园为主体的自然保护地体系的指导意见》[EB/OL]. (2019-06-26)[2021-08-24]. http://www. gov. cn/zhengce/2019-06/26/content_5403497. htm.

中华人民共和国生态环境部, 2019. 2018 中国生态环境状况公报[R/OL]. (2019-05-29)[2021-08-24]. http://www. mee. gov. cn/xxgk2018/xxgk/xxgk15/201912/t20191231_754139. html.

中华人民共和国生态环境部, 2021. 2020 中国生态环境状况公报[R/OL]. (2021-05-26)[2021-08-24]. http://www. mee. gov. cn/hjzl/sthjzk/zghjzkgb/202105/P020210526572756184785. pdf.

郑华, 李屹峰, 欧阳志云, 等, 2013. 生态系统服务功能管理研究进展[J]. 生态学报, 33(3): 702-710.

周建军, 张曼, 2018. 近年长江中下游径流节律变化、效应与修复对策[J]. 湖泊科学, 30(6): 1471-1488.

DUDLEY N, 2016. IUCN 自然保护地管理分类应用指南[M]. 朱春全, 欧阳志云, 等译. 北京: 中国林业出版社.

GREINER R, GREGG D, 2011. Farmers' intrinsic motivations, barriers to the adoption of conservation practices and effectiveness of policy instruments: empirical evidence from northern Australia[J]. Land use policy, 28(1): 257-265.

JACK B K, KOUSKY C, SIMS K R E, 2008. Designing payments for ecosystem services: lessons from previous experience with incentive-based mechanisms[J]. Proceedings of the national academy of sciences of the United States of America, 105(28): 9465-9470.

LINKE S, KENNARD M J, HERMOSO V, et al., 2012. Merging connectivity rules and large-scale condition assessment improves conservation adequacy in river systems[J]. Journal of applied ecology, 49: 1036-1045.

SOMMERVILLE M, JONES J P G, RAHAJAHARISON M, et al., 2010. The role of fairness and benefit distribution in community-based payment for environmental services interventions: a case study from Menabe, Madagascar [J]. Ecological economics, 69(6): 1262-1271.

WONG C P, JIANG B, KINZIG A P, et al., 2015. Linking ecosystem characteristics to final ecosystem services for public policy[J]. Ecology letters, 18(1): 108-118.

XU W H, PIMM S L, DU A, et al., 2019. Transforming protected area management in China[J]. Trends in ecology & evolution, 34(9): 762-766.

XU X B, JIANG B, TAN Y, et al., 2018. Lake-wetland ecosystem services modeling and valuation: progress, gaps and future directions[J]. Ecosystem services, 33: 19-28.

ZHOU J J, ZHANG M, LU P Y, 2013. The effect of dams on phosphorus in the middle and lower Yangtze river[J]. Water resources research, 49: 3659-3669.